AF325233

MÉTHODE

du

DOCTEUR GONZALEZ DE SOTO

Correspondant royal d'Agriculture en Espagne

SUR L'ART DE REPRODUIRE ET D'ÉLEVER LES SANGSUES

Au moyen de son système de Bassins et de son

APPAREIL - NOURRISSEUR

BREVETÉ (S. G. D. G.)

Mise en rapport et exposée par l'auteur, par M. FULG_VIAL, ancien secrétaire à Madrid

AVEC FIGURES

Prix : 4 fr. 50 c.

CHEZ TOUS LES LIBRAIRES DE FRANCE ET DE L'ÉTRANGER

PARIS	BORDEAUX
DUTERTRE, ÉDITEUR	RICARD FILS, LIBRAIRE-ÉDITEUR
Passage Bourg-l'Abbé, 29.	Allée de Tourny, 22.

1854

MÉTHODE

DU

DOCTEUR GONZALEZ DE SOTO

MÉTHODE

DU

DOCTEUR GONZALEZ DE SOTO

Conseiller royal d'Agriculture en Espagne

SUR L'ART DE REPRODUIRE ET D'ÉLEVER LES SANGSUES

Au moyen de son système de Bassins et de son

APPAREIL - NOURRISSEUR

BREVETÉ (S. G. D. G.)

Tirée du manuscrit autographe de l'auteur, par Ant. PUIG-VIDAL, ancien sudélégué en Médecine.

AVEC FIGURES

Prix : 4 fr. 50 c.

CHEZ TOUS LES LIBRAIRES DE FRANCE ET DE L'ÉTRANGER

<table>
<tr><td>PARIS</td><td>BORDEAUX</td></tr>
<tr><td>DUTERTRE, ÉDITEUR</td><td>RICARD FILS, LIBRAIRE-ÉDITEUR</td></tr>
<tr><td>Passage Bourg-l'Abbé, 20.</td><td>Allées de Tourny, 22.</td></tr>
</table>

1854

AVANT-PROPOS.

Le docteur Gonzalez de Soto avait, dès 1839, recueilli de nombreuses observations sur l'histoire naturelle des sangsues.

Il était loin de penser, à cette époque, que ses observations et ses expériences, chaque jour répétées, l'amèneraient à la découverte qui fait le sujet de ce livre.

Dans ses études, il n'avait en vue que des résultats scientifiques, et il ignorait complètement l'importance commerciale de l'élève de la sangsue.

Cette importance ne lui fut révélée qu'à Bordeaux, où il vint, il y a quelques années, pour y étudier la méthode généralement suivie dans la Gironde. Cette méthode lui parut si peu rationelle et si coûteuse, qu'il reconnut tout de suite la supériorité de la sienne. Il répéta donc de nouveau en France toutes les expériences qu'il avait déjà faites ; et, une fois sûr des résultats, il prit, le 11 novembre 1852, un brevet d'invention, dans lequel il fit consigner tous les points de son système.

Bien que muni de ce brevet, il ne voulut point encore donner de la publicité à sa découverte, avant que d'avoir établi des marais modèles. Aujourd'hui que l'ombre du doute ne lui est plus permis, il nous autorise, nous, son parent, qui avons suivi et partagé ses travaux, à publier sa méthode.

Le docteur Gonzalez, faisant partie d'une communauté religieuse qui vient de se rétablir en Espagne, a préféré s'offrir à ses supérieurs, et rentrer dans le silence et dans l'oubli, que de publier lui-même son livre. Il nous a chargé de ce soin, en nous léguant ses manuscrits. C'est ce que nous faisons aujourd'hui.

Les liens de parenté qui nous unissent au docteur Gonzalez nous interdisent tout éloge à son égard. Il est assez connu en Espagne, tant comme fondateur et directeur de plusieurs établissements d'instruction publique, que comme conseiller royal d'agriculture. La France, nous l'espérons, ne tardera pas non plus à le connaître, et à lui devoir de la reconnaissance pour la découverte dont il la dote aujourd'hui.

25 Juillet 1854.

PUIG-VIDAL.

Nota. — Toute demande pour la Gironde doit être adressée à M. RICARD fils, allées de Tourny, 22, à Bordeaux, mandataire spécial pour la propagation de la méthode Gonzalez.

Pour les autres départements, s'adresser à M. PUIG-VIDAL, allées de Tourny, 22, à Bordeaux.

MÉTHODE

DU

DOCTEUR GONZALEZ DE SOTO

Conseiller royal d'agriculture, en Espagne,

SUR L'ART DE REPRODUIRE ET D'ÉLEVER LES SANGSUES

PREMIÈRE PARTIE

SANGSUES A L'ÉTAT DE NATURE.

Tout ce que l'on a publié jusqu'à ce jour sur la multiplication artificielle des sangsues est entièrement topique.

Chaque observateur a cru que les conditions dans lesquelles il voyait les sangsues dans son pays étaient les conditions générales, indispensables, sans lesquelles ces animaux ne pouvaient vivre nulle part.

En Bretagne, dans la Sologne et dans la Gironde, l'on croit fermement qu'un sol extrêmement mou et une eau stagnante sont absolument nécessaires à la multiplication des sangsues.

Les Basques, les habitants de l'Apennin, et ceux des

versants méridionaux des Pyrénées, pensent, au contraire, que les sangsues ne se plaisent que dans les eaux pures et courantes de leurs ruisseaux. Quant à la qualité du sol, ils la regardent à peu près comme indifférente, parce qu'elle change à chaque pas dans leurs montagnes.

Les savants de cabinet ont voulu aussi connaître les sangsues, en les observant dans des bocaux. C'est là qu'ils ont cru pouvoir les multiplier; et lorsqu'ils ont construit des bassins ou des réservoirs pour elles, ils n'ont fait que des bocaux en pierres de taille, plus ou moins grands.

Nous avons étudié, nous, les sangsues en pleine nature, dans divers lieux, dans divers climats, sous des latitudes différentes, dans des conditions tout-à-fait opposées, et c'est le résultat de quinze années d'expériences et d'observations que nous publions aujourd'hui, et que nous adressons aux hommes pratiques, aux hommes positifs.

Nous avons cru devoir élaguer le plus possible de notre publication l'attirail des termes scientifiques, sous lesquels, bien souvent, se cache une théorie impraticable.

FAMILLE DES HIRUDINÉES OU SANGSUES.

La science appelle ces animaux hirudinées *(ab hærendo)*. Elle considère principalement dans cette famille les ventouses, au moyen desquelles ces annélides se fixent sur les corps. Depuis Pline, le vulgaire les appelle tout bonnement sangsues *(sanguinis sugæ)*, en raison, sans doute, de leur fonction nutritive, qui se fait par la succion du sang. Nous suivrons l'exemple du vulgaire, et les appellerons plus particulièrement sangsues.

GENRES ET ESPÈCES DES SANGSUES.

Toutes nos recherches se sont bornées à étudier les sangsues utiles à la médecine. Quant aux autres hirudinées, nous les avons laissées de côté, pour nous livrer tout entier à l'étude des espèces utiles à l'homme.

Variétés. Quelques naturalistes ont publié des planches parfaitement coloriées, représentant plusieurs variétés de sangsues. Ce travail, pour nous, a la même importance que le travail qui classerait les poules en différentes catégories, suivant la couleur de leur robe.

Les sangsues se croisent entr'elles et donnent des métis de plusieurs variétés. Ces métis sont tout aussi bons et aussi féconds que leurs mères. Les différences que l'on remarque dans la robe des sangsues varient dans chaque pays, dans chaque localité, souvent dans chaque marais. Ces différences ne devraient mériter aucune attention de la part du commerce ni de la médecine. Il n'y a que la mode ou le caprice qui puisse faire préférer une variété à une autre.

Cependant, on voit journellement les médecins et les praticiens donner la préférence à telle ou telle variété de sangsues; et ceci semblerait, au premier abord, indiquer qu'il y a une différence dans les fonctions de ces variétés préférées. Selon nous, il n'en est rien, pourvu que la sangsue soit une véritable sangsue, et qu'elle soit dans les conditions voulues de purification ou de jeûne, la couleur de sa robe importe peu.

Ce qui vient à l'appui de notre opinion, à cet égard, c'est que chaque variété obtient une préférence dans telle ou telle localité. Dans le Midi, on préfère la sangsue *verte*; ailleurs, c'est la sangsue *grise* qui l'emporte. La sangsue *truite*, ou *dragon*, est rejetée par les médecins français; tandis que les médecins andalous, les Anglais de Gibraltar, et les Portugais des Algarves, considèrent cette même sangsue comme la plus utile et la plus parfaite.

En général, la sangsue indigène est préférée par chaque localité qui la fournit, parce que cette sangsue est tout acclimatée; mais les sangsues étrangères sont également bonnes; et, avec le temps, elles finissent par s'acclimater. On ne doit donc pas se préoccuper, dans le choix des sangsues, ni de leur robe, ni de leur variété. La meilleure sangsue est celle qui a le plus d'activité; celle qui présente au tact le plus de résistance et de fermeté, et qui se roule le mieux en olive dès qu'on la touche.

TERRAIN PROPRE AUX SANGSUES.

Nous examinons le terrain avant l'eau, parce qu'il est reconnu aujourd'hui que les sangsues sont des animaux plutôt terrestres qu'aquatiques. Nous développerons ce point dans notre méthode pratique, à la deuxième partie de cet ouvrage, cette vérité ayant une grande importance dans la multiplication des sangsues.

Qualités minéralogiques du sol. Nous avons trouvé des sangsues de tout âge dans des terrains dont la composition minéralogique est tout-à-fait différente. Dans la terre alumineuse ou argileuse, à Cofita, dans la province de Huesca, en Espagne ; dans le sable des landes de Bordeaux ; dans la terre calcaire, près de Figueras, en Catalogne, et dans plusieurs autres localités ; dans la tourbe douce de la province de Ciudad-Réal et dans celle du département de la Gironde ; dans un terrain gypseux, à Pegna-Roya, près Barbastro, dans l'Aragon, et à Fuensalada, près d'Alhama ; dans le détritus granitique, à Silillos, près Madrid, etc. Mais nous avons remarqué que le lit des ruisseaux ou des marais de ces divers terrains était composé d'un limon ou d'un terreau dont les parties solubles ont été enlevées par le courant des eaux.

Qualités physiques du terrain. Nous avons trouvé des sangsues dans des terrains très-secs, à l'exception, bien entendu, du lit des ruisseaux, principalement en Portugal et en Espagne. Nous en avons trouvé également dans les terres humides de différentes localités en France, dans le centre et au nord de l'Espagne. La dureté du sol n'est pas un obstacle à la multiplication des sangsues. La plus grande partie des ruisseaux d'Espagne, où ces animaux se multiplient parfaitement, sont creusés dans des terrains durs, recouverts d'un lit de limon qui ne dépasse pas 4 centimètres d'épaisseur, même dans les recoins choisis par les sangsues. Nous examinerons ce point important à l'article de la *ponte* des sangsues.

Relativement à l'élévation des lieux, nous devons

dire que nous avons cherché vainement la sangsue dans la partie la plus élevée des Pyrénées.

Nature physique du sous-sol. La nature physique du sous-sol ne saurait être indifférente dans l'établissement d'un bassin à sangsues. Son imperméabilité est l'une des bonnes conditions de la reproduction de ces annélides. Nous avons vu beaucoup, et de très-belles sangsues de tout âge, à l'Alberca, à Barbastro. L'Alberca est un ancien bassin tout en maçonnerie, même le fond. Il a environ 400 mètres carrés de surface, et est presque comblé par le limon et par différentes plantes qui l'ont envahi.

La trop grande perméabilité du sous-sol est défavorable à l'établissement des bassins à sangsues, parce que l'on ne peut y obtenir le niveau constant, et que parfois les sangsues y restent à sec.

DE L'EAU.

L'eau est regardée comme le séjour habituel des sangsues; mais bien que cette supposition soit l'origne de plusieurs erreurs, nous déclarons que la nature de l'eau mérite d'être étudiée attentivement.

Qualité de l'eau. Nous avons trouvé des sangsues dans les eaux pures descendant de plusieurs montagnes; nous en avons également trouvé dans les eaux bourbeuses de l'Èbre, près de Tudela, à Gallur et dans les marais d'Ebro-Vièjo. C'est aussi l'eau limoneuse de la Garonne qui alimente la plupart des marais à sangsues de la Gironde.

La seule différence qui existe entre la sangsue d'eau pure et courante et celle d'eau bourbeuse ou stagnante, c'est que la première est plus petite, plus maigre, mais toujours plus agile, plus vive et plus avide de sang; ne manquant presque jamais l'effet médical que l'on attend d'elle. La seconde est plus grosse, plus grasse, plus molle et plus lourde. Son estomac contient presque toujours du sang. Aussi en est-il beaucoup qui ne piquent pas, ou qui piquent mal, c'est-à-dire qui tombent dès qu'elles ont entamé la peau. Cela vient de ce qu'elles trouvent dans les eaux épaisses et dormantes une infinité d'animaux et de plantes qui leur donnent une nourriture abondante; tandis que la sangsue d'eau vive trouve rarement une proie, et la gymnastique perpétuelle qu'elle est obligée de faire pour trouver un peu de nourriture, la rend plus vive, plus dure et d'un emploi médical supérieur. Voilà aussi pourquoi, lorsque les sangsues indigènes étaient plus abondantes, les médecins et les pharmaciens aragonais donnaient la préférence à la sangsue des montagnes.

Cependant il ne faut pas conclure de là que la sangsue des marais bourbeux ne peut être bonne en médecine. Avec quelques précautions, ont peut lui faire acquérir presque toutes les qualités de la sangsue d'eau vive. Il suffit, quand elle est arrivée à son entier développement, de la soumettre à un jeûne absolu, pendant deux ou trois mois, dans des ruisseaux d'eau vive et courante.

Nous n'avons jamais trouvé de sangsues dans les eaux séléniteuses des carrières de plâtre; et, à cet égard, nous croyons devoir raconter un fait qui nous a porté à commencer nos études sur les sangsues :

Il y a une vingtaine d'années environ, nous nous trouvions à Barbastro, près du district d'Almunieta, en Espagne ; nous suivions un petit ruisseau dans lequel serpentaient une infinité de sangsues. Nous fûmes frappé du nombre et de l'agilité de ces animaux. Tout-à-coup, et arrivé à une certaine distance, nous ne vîmes plus une seule sangsue. Voulant en connaître la cause, nous appelâmes un pêcheur de sangsues, qui se trouvait sur le bord opposé, et lui demandâmes la raison de ce phénomène. Il nous répondit, en observateur de la nature, que là où nous ne voyions plus de sangsues la nature des eaux avait changé, à cause de deux petits ruisseaux qui venaient joindre le ruisseau principal, et dont l'eau passait sur des carrières à plâtre. Nous fîmes notre profit de cette observation.

Nous avons trouvé des sangsues dans des eaux saturées de carbonate de chaux. Ces ruisseaux étaient des affluents de la rivière Piedra, dans l'Aragon. C'est l'unique fois que nons avons pu faire cette remarque ; mais nous en avons trouvé souvent dans des eaux légèrement calcaires.

Quantité de l'eau. Les pêcheurs de sangsues assurent qu'ils n'en trouvent pas dans les eaux profondes ; aussi n'avons nous donné à nos bassins qu'une profondeur de 30 à 60 centimètres au maximum.

Renouvellement des eaux. Les sangsues peuvent vivre et se reproduire aussi bien dans les eaux stagnantes que dans les eaux courantes, ainsi que nous l'avons dit plus haut ; mais nous préférons, d'après les principes de notre méthode, que l'on trouvera à la seconde partie de cette brochure, une eau qui se renouvelle lentement, à l'eau rapide et courante, et à l'eau stagnante.

Température des eaux. Nous avons rencontré des sangsues dans des ruisseaux qui conservaient presque toute la fraîcheur de leur source. Nous n'en avons trouvé qu'une seule fois dans des eaux thermales. Cette observation a été faite par nous à Alhama d'Aragon. Cette source a 35 degrés de température, et les hirudinées n'apparaissaient qu'à une certaine distance de la source même, là où la température n'était plus qu'à 27 degrés. Elles vivaient en compagnie de beaucoup d'hœmopis, ou sangsues bâtardes ; et ce qui nous a frappé dans cette observation, c'est la taille gigantesque de ces sangsues d'eau chaude. On peut, selon nous, expliquer cette taille extraordinaire par la multitude d'insectes de toutes sortes et de larves qui fourmillent constamment dans ce lieu, ainsi que par la végétation tropicale qui garnit les bords du ruisseau. Ces sangsues ne piquent pas au sortir de leur demeure, parce que leur estomac est toujours plein.

Remarque sur les fontaines. Si nous avons trouvé des sangsues dans des ruisseaux provenant de sources, nous n'en avons jamais trouvé dans les sources mêmes, ni dans les deux ou trois premiers mètres du parcours de l'eau. Ce n'est que lorsque la source tombe immédiatement dans un bassin, et qu'elle forme une nappe tranquille, que l'on peut espérer trouver des sangsues près d'une source. Cela vient-il de ce que l'eau près de la source n'est pas assez oxigénée? ou bien est-ce que les sangsues n'y trouvent pas de nourriture? Nous ne le savons pas; mais nous croyons que ces deux causes y sont pour beaucoup.

Encore un fait à l'appui de notre opinion sur les fontaines.

Entre Guardia et Cregenzan, dans la province de Huesca, en Espagne, il existe un ruisseau qui se cache deux fois dans le sable, et qui produit des fontaines après une filtration de 50 à 60 mètres. Hé bien ! nous n'avons pas trouvé d'hirudinées auprès de ces fontaines accidentelles, et nous en avons trouvé à une certaine distance au-dessous. Il est aussi à remarquer que la végétation est par fois plus faible près de l'orifice des sources que sur les bords des ruisseaux formés par elles.

Mouvement des eaux. Nos observations premières, ainsi qu'on doit le voir, se sont portées sur l'étude des sangsues à l'état de nature. On trouvera plus loin nos remarques sur les sangsues domestiques. Le mouvement prononcé des eaux ne convient pas à ces animaux, parce qu'ils sont mauvais nageurs et se fatiguent promptement. Aussi dans les ruisseaux un peu rapides où nous avons trouvé des sangsues, avons-nous remarqué qu'elles ne peuvent nager. Elles se bornent à ramper au fond de l'eau en s'attachant aux aspérités du sol. De là la conséquence de notre méthode, qui veut que l'eau des bassins ne se renouvelle que lentement.

Sites préférés par les sangsues. Nous n'avons pas trouvé ces annélides dans les ruisseaux en droite ligne,

pas plus que dans ceux qui sont privés de végétation ,
et dont les bords et le fond ne sont formés que de
sable ou de cailloux. On ne les trouve pas non plus
dans les nappes d'eau d'une grande étendue, à moins
qu'elles ne soient abritées par une végétation active et
abondante. Nos nombreuses observations, et celles des
pêcheurs que nous avons consultés, sont d'accord pour
démontrer que les sangsues préfèrent les ruisseaux
tortueux, calmes, peu profonds et pourvus d'une belle
végétation.

Flore des sangsues. Nous avions commencé, il y a
quelques années, à rédiger sérieusement la liste des
plantes au milieu desquelles les sangsues se plaisent le
plus ; mais au fur et à mesure de nos explorations, le
nombre de ces plantes s'augmentant presque indéfiniment, nous avons cru devoir renoncer à notre projet. Nous
nous bornerons donc à indiquer celles des plantes que
nous avons rencontrées le plus souvent dans les lieux
habités par les sangsues. Ce sont d'abord les graminées,
comme l'ivraie vivace (*Lolium perenne*), plante très-
commune en France. Elle croît partout sur le bord
des chemins, et c'est avec elle que l'on fait les ga-
zons. Nous attachons à la paille de cette plante une
grande importance, ainsi qu'on le verra à l'article ponte
(deuxième partie) ; ensuite, les joncs, et surtout leurs
racines, car nous supposons théoriquement que cette
plante est utile aux sangsues dans les efforts qu'elles
font pour se dépouiller de leur épiderme. Nous avons
également trouvé dans tous les marais naturels, et en
abondance, *l'Acorus calamus*, espèce de roseau dont

les longues feuilles servent à faire des paillassons et à garnir les chaises communes. Dans les ruisseaux à sangsues cette plante est beaucoup plus rare que dans les marais. Il est beaucoup d'autres plantes encore qui se trouvent dans les endroits humides et dans les lieux favorables aux sangsues; mais qu'il serait superflu de décrire ici. Pourvu que les bassins soient garnis d'une végétation un peu abondante, la réussite, sous ce rapport, ne saurait être douteuse.

PRINCIPAUX ORGANES DES SANGSUES.

Ventouses. Les sangsues ont le corps presque cylindrique, et terminé par deux sections orbiculaires placées aux deux extrémités de l'animal. C'est ce que l'on appelle *ventouses,* parce que les anciens naturalistes avaient cru que, pour se fixer aux corps, les sangsues faisaient le vide avec ces appareils. Il n'en est rien; il est reconnu aujourd'hui qu'elles se fixent simplement par le contact immédiat, chassant l'air successivement du centre à la circonférence de la ventouse, qu'elles présentent sous la forme convexe aux corps où elles veulent s'attacher. L'extrémité antérieure de la sangsue s'appelle ventouse *orale ;* c'est la tête. L'extrémité postérieure se nomme ventouse *anale ;* c'est la queue.

Peau. L'enveloppe cutanée de la sangsue est très-élastique dans tous les sens. Cette propriété permet à l'animal de s'allonger extraordinairement lorsqu'il nage, et de se contracter fortement en olive dès qu'on le touche. Le corps est constamment recouvert d'une mucosité que lui fournissent les poches appelées mucipares, à cause de cet espèce de mucus qui lubrifie l'animal. Ces poches sont répandues dans toute la peau, qui est elle-même recouverte d'une pellicule très-mince et inorganique, appelée épiderme. La sangsue renouvelle cet épiderme toutes les semaines. Elle sort de cet espèce de fourreau en s'aidant des aspérités du sol ou des plantes au milieu desquelles elle vit. Mais cette opération ne se fait pas sans douleur ni sans danger pour elle, surtout lorsqu'elle est trop gorgée. Dans ce cas, il arrive souvent que cet épiderme se plisse, se roule sur lui-même et s'arrête au quart ou à la moitié de l'animal trop gorgé ; et, ne pouvant aller plus loin, faute d'élasticité, étrangle, blesse ou tue la sangsue. C'est ce que l'on appelle maladie de *l'anneau*.

Sens. Les naturalistes ne contestent pas à l'homme les cinq sens dont il est pourvu, parce qu'ils peuvent par eux-mêmes s'assurer de leur existence ; mais ils semblent vouloir refuser à certains animaux quelques-uns de ces dons précieux et conservateurs. Les sangsues ont dix tubercules dans la partie antérieure et supérieure de la ventouse orale ; on les appelle des yeux, mais on n'est pas sûr qu'elles voient. Cependant elles sont sensibles à la lumière. On n'a trouvé chez elles aucun organe spécial à l'audition, et cependant le bruit les attire. Relativement à l'odorat et au goût, on les dit très-mal favorisées, et, cependant, le sang *légèrement* altéré est repoussé par elles, après les avoir attirées. Il n'en est pas ainsi du sang frais, qui les attire et qu'elles ne délaissent pas. Cela semble donc établir

qu'elles ont l'odorat et le goût. Le tact est très-déve-
loppé chez ces animaux ; ce sens est exercé par toutes
les parties de leur corps, et plus particulièrement par
la ventouse orale avec laquelle ils palpent les objets.

Organes digestifs. La peau de la sangsue a quatre
ouvertures visibles à l'extérieur : la bouche, l'anus et
les deux appareils sexuels dont nous parlerons plus bas.

Bouche. La bouche est située dans le fond de la ventouse orale. Elle est armée de trois machoires qui affec-
tent la forme d'une demi-lentille. Ces trois machoires,
que l'on ne voit bien qu'au microscope, sont armées de
dents très-petites avec lesquelles elles scient la peau.
Elles sont placées en forme d'étoile tout autour de
l'œsophage.

OEsophage. L'œsophage reçoit immédiatement le sang
des piqûres ouvertes par les mandibules. L'estomac
occupe tout le corps de la sangsue, et il est divisé en
neuf compartiments ou poches consécutives, séparées
entr'elles par des ouvertures étroites.

Intestin. Celui des sangsues est très-court; il part du
fond de l'estomac et se dirige en ligne presque droite
jusqu'à l'anus.

Anus. Il est situé dans le dos de l'animal, près de la
ventouse anale.

Organes sexuels. Chaque sangsue a les deux sexes et
est androgyne. Ces organes sont placés dans la partie
antérieure du ventre. A certaines époques, et plus particulièrement aux approches de la ponte, ces organes
se font remarquer par de petites taches d'une couleur
plus claire que le reste de la peau. L'organe mâle est

le plus rapproché de la ventouse orale ; l'organe fe-
melle est un peu plus bas. L'organe mâle, ordinairement caché, devient visible à l'extérieur lorsque l'on
tue une sangsue à l'eau bouillante.

PRINCIPALES FONCTIONS ET MOEURS DES SANGSUES.

Locomotion. La sangsue marche par terre, à la manière de certaines chenilles, c'est-à-dire en rampant.
Ses ventouses lui servent de pieds. Si le terrain est humide et uni, elle fait 80 centimètres de course par minute environ. S'il est sec et inégal, elle se débat sans
pouvoir avancer et périt promptement, surtout en été,
au soleil. Elle nage assez bien, mais elle se fatigue
promptement.

Sécrétion. La sangsue sécrète par les pores de la
peau, non-seulement la mucosité qui la lubrifie, mais
encore une grande partie de l'eau qu'elle avale en
même temps que les aliments qu'elle trouve répandus
dans le marais. C'est à cette observation que nous avons
faite, que nous devons en partie la découverte de notre
méthode.

Nutrition. La sangsue prend sa nourriture de deux
manières : la première et la plus ordinaire, en avalant
de l'eau chargée de matières assimilables ; la seconde,
plus rare, par la succion.

L'aliment traverse tout le tube digestif et commence
par remplir les poches les plus profondes ; puis les sui-
vantes, et ainsi de suite jusqu'à celles qui avoisinent
l'œsophage. Ce n'est qu'alors, généralement, que la

sangsue abandonne l'être auquel elle s'est attachée. L'aliment que l'on trouve dans les premières poches digestives d'une sangsue, gorgée depuis moins de vingt jours, a la couleur rouge du sang. Dans les poches intermédiaires, la couleur est plus foncée. Enfin, dans les poches profondes ou dernières, la couleur est obscure, d'un vert brun. La matière tirée de ces dernières poches, dissoute dans l'eau, la colore d'un vert émeraude. Lorsqu'un fumeur trempe ses doigts dans l'eau d'un bocal où se trouvent des sangsues, celles-ci projettent vigoureusement des jets filiformes de matière fécale, de 20 à 30 centimètres de longueur. Après une ou deux minutes, ces jets se divisent en petits morceaux de 1 à 2 millimètres. Quelquefois, ce même effet se produit quand on renouvelle l'eau des sangsues, si cette eau a une grande crudité, ou si elle est légèrement séléniteuse.

Digestion. La digestion des sangsues dure de quinze jours à huit mois, selon la quantité du sang absorbé et la qualité nutritive de ce sang. La digestion est plus rapide en temps chaud qu'en temps froid, dans l'eau pure que dans l'eau bourbeuse. La comparaison de ces deux termes, quinze jours à huit mois, indique déjà le grave inconvénient qu'il y a à gorger par trop les sangsues. Nous dirons pourquoi dans la partie pratique de cette méthode.

Engourdissement. La sangsue reste engourdie, privée de tout mouvement et enfouie dans la terre : 1° pendant tout l'hiver, qu'il soit long ou court; ordinairement c'est du mois de novembre au mois de mars; 2° même en été si le temps est frais, et même dans les jours les plus chauds si le vent souffle ; 3° pendant les deux premiers tiers du temps nécessaire à sa digestion. Elle ne répond à l'appel que lorsque son estomac ne contient plus qu'environ un tiers de son poids d'aliments. Elle ne pique réellement avec avidité que lorsqu'elle n'a de nourriture dans le corps que le quart environ de son poids.

Accouplement. La sangsue ne s'accouple pas pendant l'engourdissement de l'hiver, ni pendant le premier tiers du temps employé à la digestion. L'accouplement a lieu ordinairement dans les premières journées chaudes de l'été. S'il est retardé, ce n'est que par une digestion trop laborieuse. Nous avons étudié l'acte de l'accouplement avec une sérieuse attention. Il a lieu presque toujours hors de l'eau, à l'ombre, et plus fréquemment dans les trous spacieux ou dans les galeries naturelles. Pour accomplir cet acte, les sangsues se placent ventre contre ventre, en sens inverse, de manière que la ventouse orale de l'une soit dirigée vers la ventouse anale de l'autre. C'est ainsi que les organes sexuels se trouvent en rapport mutuel.

Gestation. La gestation dure de trente à quarante jours, d'après Moquin-Tandon.

Ponte. La ponte a lieu ordinairement depuis le mois de juillet jusqu'au mois de décembre. Celle des sangsues bien gorgées en automne est la plus précoce. Vient ensuite celle des sangsues gorgées modérément au commencement du printemps. La ponte des sangsues gorgées plus tard a lieu aussi plus tard. Les sangsues placent leurs cocons de préférence dans le feuillage mort et mouillé qui surnage sur l'eau du marais ou qui se trouve sur les bords. Si elles ne trouvent pas des herbes ou du feuillage, elles font leur ponte dans les trous naturels ou dans les anciennes galeries des taupes. Ce n'est que faute de mieux qu'elles creusent la terre humide, et non submergée, pour y déposer leurs cocons.

Cocons. Le cocon des sangsues est ovoïde comme celui des vers à soie. Il a de 20 à 30 millimètres de longueur sur 10 à 20 de largeur. Il est blanchâtre et très-mou les premiers jours ; il devient peu à peu plus solide et roussâtre à l'extérieur. Il est poli et comme vernissé à l'intérieur. Les naturalistes ne sont pas d'accord sur le nombre que peut produire chaque sangsue. Notre opinion est que ce nombre et les accouplements sont en rapport direct avec la longueur de l'été. Dans les pays méridionaux, une sangsue produit ordinairement de six à dix cocons. Ce nombre peut être réduit par les repas trop copieux. On trouve assez souvent des cocons inféconds. Le nombre d'obules de chaque cocon varie de six à trente. Dans les contrées chaudes et dans les eaux limoneuses, ils sont plus nombreux que dans les pays froids et dans les eaux vives.

Éclosion. L'éclosion a lieu vingt à trente jours après la ponte, selon la température ; elle se vérifie par deux trous que les germements ouvrent aux extrémités du cocon. On peut hâter cette éclosion de huit à dix jours, en perçant artificiellement les cocons, et cela sans que les germements aient à en souffrir.

Vie des sangsues. A la sortie du cocon, la sangsue

s'appelle *germement ;* elle est presque transparente, et d'une longueur de 10 à 15 millimètres lorsqu'elle nage. Cet état de transparence dure huit à quinze jours, jusqu'à ce qu'elle ait pris quelque nourriture. Alors elle devient opaque et se colore. Lorsqu'elle commence à prendre la robe de la variété à laquelle elle appartient, elle s'appelle *filet*. Puis après quatre ou cinq repas, *petite ;* après le huitième, *petite-moyenne ;* puis *moyenne, grosse-moyenne, grosse*, et enfin *vache* ou *mère*.

Les naturalistes prétendent que les sangsues à l'état de nature, c'est-à-dire celles qui ne reçoivent artificiellement aucune nourriture, n'arrivent à l'âge adulte qu'après cinq ou six années d'existence, et qu'elles ne deviennent mères qu'à la huitième ou à la neuvième année. Ce fait peut être vrai ; mais nous ne voyons guère le moyen de le vérifier, car il n'est pas possible d'étiqueter un animal libre et de le reprendre quand on le désire pour vérifier son âge. A l'état de domesticité, la question est bien différente ; aussi l'examinerons-nous plus loin.

FIN DE LA PREMIÈRE PARTIE.

DEUXIÈME PARTIE.

SANGSUES A L'ÉTAT DE CAPTIVITÉ.

RARETÉ DES BONNES SANGSUES.

Avant 1820, les sangsues se trouvaient en abondance dans presque toutes les contrées de l'Europe. Mais à l'apparition de la nouvelle doctrine médicale de Broussais, qui prétendait affaiblir les maladies en réduisant la quantité du sang des malades, les saugsues furent recherchées avec un soin extrême. Les ennemis mêmes de la doctrine anti-phlogistique reconnurent que pour les saignées locales les sangsues étaient de beaucoup supérieures à la lancette. On rechercha donc de tous les côtés les sangsues; on dépeupla les marais de la France, ainsi que ceux de l'Espagne et du Portugal, tant la consommation de ces annélides était devenue considérable. On eut même recours à la Hongrie; et c'est encore de la Hongrie, de la Grèce et de la Turquie, que nous vient la plus grande partie des sangsues employées en France, en Angleterre, en Amérique et dans les colonies.

Cette pêche assidue et continuelle, exercée sans discernement, a épuisé promptement les marais et élevé, le prix des sangsues, de telle sorte qu'aujourd'hui le pauvre peut difficilement recourir à ce moyen de guérison. D'un autre côté, les longs voyages que les sangsues subissent ; l'agglomération de leur nombre dans des espaces trop étroits ; le changement de climat qu'elles supportent, et, pardessus tout cela, la fraude des marchands, dont nous parlerons plus loin, sont autant de causes qui nuisent à leur qualité.

CAUSES QUI EMPÉCHENT LA MULTIPLICATION RAPIDE DES SANGSUES A L'ÉTAT DE NATURE.

Dans l'ordre établi par la divine Providence, la sangsue, avec son avidité pour le sang, serait un ennemi redoutable si sa multiplication à l'état de nature n'était bornée. Les troupes françaises et leurs chevaux ont souffert de leurs morsures, tant en Égypte, d'après Larrey, qu'en Espagne, d'après Bory de Saint-Vincent, à une époque où elles étaient plus nombreuses qu'aujourd'hui, parce que la pêche en était moins active. Les gués, les fontaines, les marais en étaient infestés.

Cependant, le prompt dépeuplement des marais de l'Europe prouve qu'à l'état de nature, la sangsue ne se reproduit que lentement, et qu'une pêche active suffit pour la faire disparaître. En effet, cet animal n'a aucun moyen de défense, aucune arme offensive pour ainsi dire. Il est entouré d'une multitude d'ennemis qui concourent à sa destruction. Le moindre bruit l'attire, et souvent, croyant saisir une proie, la sangsue devient la victime de sa voracité. Tantôt c'est une couleuvre qui la dévore, un rat d'eau qui la saisit, une cigogne, un héron, un canard qui en font leur pâture. Plusieurs insectes et coléoptères sont également ennemis de la sangsue et la détruisent. En dehors de toutes ces causes de destruction, la sangsue se suicide elle-même par l'excès de sa voracité. Lorsqu'on lui donne, ou lorsqu'elle peut saisir une proie, un quadrupède surtout, elle ne se contente pas de satisfaire son appétit, elle s'engorge tant que la distension de ses organes le lui permet, et elle prend du sang jusqu'à deux, trois et même cinq fois son poids. Moquin-Tandon, dans sa *Monographie des hirudinées*, p. 276, dit que ce gorgement excessif en tue vingt sur cent. (Nous avons découvert que c'est par suite de la maladie de l'anneau qui en est la conséquence). Nous parlerons de cette maladie à son lieu et place, et donnerons les moyens de l'éviter. Non-seulement le gorgement extrême de la sangsue lui est funeste par la mortalité qu'il occasionne ; mais ce gorgement nuit à sa reproduction. Une sangsue trop gorgée a besoin de sept, huit et même neuf mois d'abstinence et de repos pour faire sa digestion. Pendant les premiers mois de cette période, elle est tellement engourdie qu'elle ne s'accouple pas. Donc, si ces premiers mois coïncident avec ceux de la ponte, c'est une génération perdue. Toutes ces circonstances réunies nuisent considérablement à la multiplication des sangsues à l'état de nature, et font que, sur cent qui naissent, près de quatre-vingts périssent. Les survivantes, trouvant rarement une nourriture abondante, n'atteignent leur accroissement qu'après plusieurs années.

PRIX ÉLEVÉ DES SANGSUES.

Bien que depuis quelques années on se soit livré sur une grande échelle à l'élève de la sangsue, les prix ont été toujours en augmentant. Cela tient à deux causes qui ne sont qu'accidentelles : la première, c'est que jusqu'à présent les produits de cette industrie, qui a enrichi tant de spéculateurs, ont été presque tous réservés à de nouveaux éleveurs, qui en ont peuplé des étendues considérables de marais ; ensuite, les événements qui se passent en Grèce et en Turquie ; événements qui empêchent l'importation en France des sangsues qui nous venaient de ces pays. Mais, dès que ces circonstances cesseront d'exister, dès que les nouveaux et nombreux éleveurs seront obligés de vendre, non pour le peuplement des marais, mais pour la consommation médicale, il y aura incontestablement encombrement sur le marché, et, par suite, diminution dans les cours. C'est alors que l'on reconnaîtra que le système actuel est ruineux, et que la nourriture par les chevaux n'est plus possible ; tandis que par notre méthode, il y a une économie de plus des deux tiers, une très-petite étendue de terrain suffit, et nous nourrissons avec le sang de boucherie, qui n'a presqu'aucune valeur dans la plupart des localités.

CARACTÈRES DISTINCTIFS DES VRAIES SANGSUES.

Les naturalistes ont groupé sous le nom d'hirudinées

tous les animaux cylindriques sans pattes, qui ont à chaque extrémité de leur corps une appendice appelée ventouse. Cette famille comprend dix genres d'hirudinées, dont voici les noms : *branchellion*, *ponbdelle*, *brachiobdelle*, *glossifonie*, *piscicole*, *néphelis*, *trochette*, *aulastoma*, *hœmopis et sangsue*. C'est cette dernière qu'il nous importe de connaître et de savoir distinguer de toutes les autres. A cet effet, nous allons examiner les huit caractères divers, mais particuliers à la vraie sangsue. 1° La vraie sangsue ne vit que dans l'eau douce; 2° sa peau est formée de quatre-vingt-treize à quatre-vingt-quatorze anneaux à toute époque de son âge; seulement, il est difficile de compter ces anneaux, même à la loupe; mais nous avons d'autres signes infaillibles; 3° lorsqu'on roule dans ses doigts ou sur une table une véritable sangsue, elle se contracte en olive *un peu dure*, et conserve cette contraction et cette forme tant qu'on ne l'abandonne pas; 4° la sangsue peut vivre hors de l'eau; l'air ne la tue qu'en la desséchant. Dans l'air humide, elle vivrait plusieurs mois; 5° la sangsue n'est jamais complètement transparente que pendant les huit premiers jours qui suivent sa sortie du cocon; 6° la sangsue nage bien, mais pas très-longtemps; 7° les mâchoires de la sangsue sont assez dures pour entamer la peau de l'homme et celle des chevaux, des bœufs, etc. Aucune autre hirudinée ne peut le faire; 8° la vraie sangsue ne dévore aucune proie visible à l'œil nu; elle se borne à la sucer.

Voici maintenant à quoi l'on reconnaîtra les autres

hirudinées. Les *branchellions* et *ponbdelles* habitent les eaux de la mer, et meurent dès qu'on les met dans l'eau douce, ou qu'on les expose à l'air. Il leur manque, par conséquent, le premier et le quatrième caractères des vraies sangsues. Les *brachiobdelles* sont un peu transparentes et presque toujours accrochées aux écrevisses. Leur corps ne dépasse pas 5 à 8 millimètres. Il est donc impossible de les confondre avec les vraies sangsues. Les *glassiphonies* sont transparentes, ne nagent pas et meurent dès qu'on les retire de l'eau. Il leur manque les quatrième, cinquième et sixième caractères de la sangsue. Les *glassiphonies* se trouvent dans presque tous les marais à sangsues. Pour s'en débarrasser, il suffit de dessécher les marais pendant quelques heures.

Les *piscicoles* ont la ventouse anale une fois plus large que la ventouse orale. Elles ne nagent pas, elles ne font que marcher sur l'eau, et tombent au fond dès qu'elles en abandonnent la surface. Il leur manque donc le sixième caractère de la sangsue.

Les *néphelis* ne peuvent vivre que quelques minutes hors de l'eau. Il leur manque le quatrième caractère.

La *trochette* ressemble assez à la vraie sangsue; mais elle a d'abord 140 anneaux, et pour être certain de la reconnaître, il suffit de lui donner des vers de terre qu'elle dévore sur le champ, même dans un bocal. Il lui manque, dès-lors, les deuxième et huitième caractères attachés à la sangsue médicinale.

L'*aulastoma*, ou *vorax*, ou vulgairement *sangsue noire*, ressemble encore plus à la vraie sangsue que la précédente. Elle a 94 ou 95 anneaux dans son corps, mais très-distincts. On la reconnaît facilement à l'avidité avec laquelle elle se jette sur les vers de terre et même sur les sangsues, qu'elle dévore rapidement. De plus, elle se roule en S au-lieu de se contracter en olive. Il lui manque, par conséquent, les troisième et huitième caractères des vraies sangsues.

L'*hœmopis*, que l'on appelle communément *sangsue bâtarde*, *fausse sangsue* ou *sangsue de cheval*, est très-connue dans les pays méridionaux, spécialement en Espagne, en Portugal et en Afrique. Elle se tient presque toujours avec les vraies sangsues, et leur ressemble plus que toutes les autres hirudinées. Aussi, comme il est facile de la confondre avec la bonne sangsue, nous allons la décrire. Elle a la même robe, les mêmes mouvements, le même extérieur, la même forme, à peu près le même nombre d'anneaux, et le même instinct de sucer le sang. Toutes ces ressemblances la font prendre souvent pour une sangsue véritable; mais avec un peu d'attention apportée aux signes suivants, on saura vite la reconnaître et l'éloigner des bassins à sangsues.

La bonne sangsue a la ventouse anale un *peu* plus grande que la ventouse orale. Dans l'hœmopis cette ventouse anale est considérablement plus grande.

La vraie sangsue a le corps ferme, résistant, vigoureux; l'hœmopis, au contraire, a le corps flasque, mou, sans vigueur, et ressemble à un animal mort ou mourant.

La vraie sangsue, ainsi que nous l'avons dit, se contracte, se roule en olive dès qu'on la touche; tandis que l'hœmopis ne se contracte que faiblement, imparfaitement et sans persistence. Enfin, la vraie sangsue a assez de force pour entamer la peau de l'homme, du cheval, du bœuf, etc ; tandis que l'hœmopis ne peut tout au plus qu'entamer les muqueuses de l'anus, des narines et de la bouche des animaux.

Les marchands de sangsues reconnaissent facilement l'hœmopis lorsqu'ils mettent les sangsues sur une table de marbre, pour les trier ou les compter ; ils sentent au toucher celles qui sont molles et qui ne se contractent pas parfaitement. Alors ils les sortent et les jettent, s'ils sont consciencieux.

Nous avons fait connaître les vraies sangsues, et nous avons dit que les variétés étaient également bonnes ; que l'on devait préférer dans chaque pays les sangsues indigènes. Mais comme dans cette matière le commerce fait la loi aux éleveurs, ceux-ci doivent cultiver de préférence celles que le commerce demande.

Il y a quelques années, en Espagne, l'on donnait la préférence aux sangsues adultes ; aujourd'hui que les marais de ce pays sont à peu près épuisés, les marchands se sont avisés d'appeler les gros filets *sangsues fines* (*sanguijuelas finas*), et le vulgaire leur accorde la préférence.

On en peut dire autant à l'égard des sangsues hongroises, que l'on préfère à Paris. Tout ceci prouve que les éleveurs doivent être au courant des caprices ou des ruses des marchands de sangsues. Lorsqu'on achète des sangsues mères, il faut en pincer quelques-unes par la ventouse anale, et, s'il sort du sang, ou s'il se forme un bourrelet au milieu de leur corps, elles sont plus ou moins gorgées. Dans ce cas, l'on ne saurait compter sur leur volume apparent, ce volume devant diminuer au fur et à mesure que la digestion s'opère.

TERRAINS PROPRES A L'ETABLISSEMENT DES BASSINS A SANGSUES.

D'après nos recherches et nos observations sur la sangsue à l'état de nature (première partie), on doit voir que presque tous les terrains conviennent, à l'exception des terres qui sont chargées de plâtre, de sable pur, de pierres, de fer, de cuivre, de manganèse. Partout où l'on aura une couche de terre végétale de 30 à 40 centimètres d'épaisseur, on pourra établir des bassins à sangsues. Cependant, nous devons dire que le terrain par excellence est celui qui est formé de tourbe douce ou d'argile. Presque tous les terrains secs contiennent des sels solubles, qui peuvent plus ou moins nuire aux sangsues. Mais, d'après notre méthode, ces sels sont promptement dissous par l'eau qui se renouvelle, et qui les entraîne hors des bassins. Le choix du sous-sol est important au point de vue de la conservation de l'eau. Un terrain trop perméable laisserait les sangsues à sec pendant une grande partie de l'été; à moins que l'on ait à sa disposition une masse d'eau suffisante pour alimenter les bassins, et les maintenir au niveau constant.

LOGEMENT DES SANGSUES.

Nous avons déjà dit un mot du logement que nous

donnions à chaque sangsue. Voyons celui qu'accordent deux méthodes bien opposées: celle suivie dans quelques hôpitaux de Paris, et celle généralement adoptée dans la Gironde. On donne à Paris à chaque sangsue, moins de 15 centimètres carrés de surface pour son logement. Aussi M. Fermond, dans son mémoire (avril 1854), dit-il que la mortalité des sangsues, et surtout des jeunes, est considérable dans les bassins de la Salpétrière.

Nous le croyons sans peine; s'il était possible de loger ces animaux par étages, comme on loge les vers à soie, il faudrait incontestablement moins d'étendue; mais ceci est impraticable.

Les savants, sous l'influence de l'erreur qui leur ont fait considérer les sangsues comme des poissons, ont cru qu'un demi-litre d'eau pouvait suffire à chacune d'elles, et qu'il était possible d'en loger un ou deux mille dans chaque mètre cube.

Dans la Gironde, particulièrement à Blanquefort, d'après les renseignements que nous avons recueillis, on donne pour logement à chaque sangsue environ 60 décimètres carrés de surface. C'est-à-dire que dans le même espace où on loge une seule sangsue à Bordeaux, on en loge 400 à Paris. Quant à nous, nos expériences nous ont démontré qu'un espace de 1 décimètre carré est suffisant pour chaque sangsue. M. Moquin-Tandon pense absolument comme nous à cet égard. Cet espace est grandement suffisant pour chacun de ces animaux, qui vivent presque toujours, comme tout le monde le sait, réunis par groupes nombreux; ils ne se servent même de cet espace que lorsque la faim les tourmente.

En parlant de l'étendue du logement nécessaire à chaque sangsue, nous ne comptons que la surface, et point du tout la profondeur de l'eau ou de la vase ; les sangsues, nous le répétons, ne sont pas des poissons, et malheureusement dans les méthodes suivies jusqu'à ce jour, on a semblé croire que c'était la même chose.

CHOIX DES EAUX.

Les eaux pures et limpides des ruisseaux ; les eaux potables des fontaines, à quelque distance de leur source ; les eaux limoneuses des rivières, conviennent également aux sangsues, puisqu'on les trouve à l'état de nature dans ces mêmes eaux.

Seulement, il ne faut pas perdre de vue, que plus l'eau est pure, vive, courante, plus la digestion des sangsues est rapide ; par conséquent, plus les repas, sans être copieux, doivent être fréquents. Quand les sangsues ont acquis un développement suffisant pour être livrées au commerce, il est bon de les placer préalablement, pendant deux ou trois mois, dans le bassin de purification, et d'entretenir dans ce bassin un cours d'eau. Avec cette précaution, on livrera à la consommation des sangsues qui seront dans des conditions médicales parfaites.

Les eaux séléniteuses des carrières à plâtre, les eaux sulfureuses, comme celle de Tiermas et de Tersis ; les eaux chargées de sulfate de cuivre, comme celle de Rio-Tinto, et les eaux trop chaudes, comme celle de Dax, ne peuvent convenir aux sangsues. M. Busquet con-

seille d'éviter les eaux dans lesquelles on met rouir le
chanvre; ce qui a été fatal à un éleveur, qui perdit par
ce fait toutes ses sangsues. Nous sommes de son avis; et
pouvons, de notre côté, citer un propriétaire de la Gironde qui a éprouvé une mortalité considérable. Les
eaux trop crues, ou trop peu oxigénées, ne sont pas
non plus favorables.

RENOUVELLEMENT DES EAUX.

Ainsi que nous l'avons déjà dit, nous aimons que dans
nos bassins l'eau se renouvelle lentement, sans bruit,
sans secousses. Cependant, quand on n'a pas à sa disposition assez d'eau pour lui laisser un faible courant, on
peut se contenter de la renouveler en partie tous les
huit jours. Pour peu que le bassin soit garni de plantes,
d'herbes, de joncs, il n'y a rien à craindre de la sta-
gnation des eaux pour quelques jours; la végétation
suffisant, dans ce cas, pour assainir l'eau.

NIVEAU DES EAUX.

Il y a très-peu de marais à sangsues où l'on conserve
le niveau constant de l'eau. Cependant un très-petit nombre d'éleveurs en ont compris l'avantage; et on nous a
assuré qu'ils obtenaient un rendement supérieur. Nous
savons bien qu'il y a des marais sans écoulement, qui sont
grossis par les pluies abondantes; d'autres, situés près
des rivières soumises au flux et au reflux, dans lesquels il
est impossible d'obtenir le niveau constant. Ces marais

produisent cependant beaucoup de sangsues; mais grâce à leur immense étendue. Nous conseillons, nous, le niveau constant; parce que nos observations nous ont démontré que la sangsue place de préférence sa ponte un peu au-dessus de l'eau ; et que, par conséquent, si le niveau baisse, les cocons courent les risques d'être desséchés ; et si, au contraire, le niveau de l'eau augmente, la submersion des cocons est inévitable.

DESSÈCHEMENT.

Un grand nombre de marais à sangsues, principalement dans la Gironde, sont desséchés systématiquement chaque année, depuis le 15 juin jusqu'à fin septembre. Les propriétaires prétendent que ce dessèchement annuel est indispensable pour que la ponte soit abondante.

Un éleveur nous a dernièrement assuré que, forcé d'exécuter dans son marais certains travaux hydrauliques, il l'avait complètement desséché. Aux ardeurs du soleil, le sol tourbeux s'était par tout crevassé à une profondeur de 30 à 60 centimètres.

Il crut que toutes, ou presque toutes ses sangsues étaient mortes. Il pressa activement les travaux; et, lorsqu'il remit les eaux dans son marais, il vit reparaître les sangsues, sans qu'une diminution notable put être constatée. La ponte fut, malgré ce dessèchement, très-abondante. Quoi qu'il en soit, nous persistons à recommander le niveau constant; car, si la terre de ce marais eut été de toute autre nature qu'une tourbe humide à une grande profondeur, l'éleveur en question courait les risques de ne plus revoir une seule sangsue.

En général, le dessèchement a lieu à une époque où une bonne partie des sangsues ne se sont pas encore accouplées. Elles ne peuvent, pendant le jour, au soleil, rechercher leurs compagnes, faute d'eau dans le marais ; il leur faut donc, pendant la nuit, et à travers la terre, se chercher et se rencontrer pour l'accouplement ; ce qui les fatigue beaucoup, surtout dans des espaces aussi grands, et où elles ne sont pas toujours en quantité suffisante.

Relativement aux filets, les inconvénients du dessèchement sont encore bien plus graves. On sait que les jeunes sangsues terminent promptement leur digestion ; or, pendant les trois mois, ou les trois mois et demi que dure le dessèchement, elles sont privées de nourriture ; et il en est beaucoup qui périssent faute de pouvoir supporter une aussi longue abstinence ; et alors même qu'elles pourraient la supporter, il est incontestable que pendant ces trois mois et demi, les plus beaux, les plus favorables à leur développement, elles restent tout au moins stationnaires, si elles ne maigrissent pas considérablement. Le dessèchement des marais est donc un mauvais système sous tous les rapports, aussi préjudiciable à la santé de ces animaux qu'aux résultats de la production. C'est un système contre nature. Non-seulement le dessèchement est préjudiciable à la ponte, à la santé des filets ; mais, à la rentrée des eaux dans le marais, a-t-on calculé le nombre de cocons qui restent encore à éclore, et qui se trouvent submergés ; par conséquent, perdus ? MM. Moquin-Tandon, L. Vayson et Busquet, condamnent cette méthode sous ce dernier rapport seulement. M. Busquet pense qu'avec un tel système, on perd une grande partie de la ponte.

PARCAGE DES SANGSUES.

La fuite des sangsues peut avoir lieu de plusieurs manières : par l'intérieur du sol, par le cours des eaux, par la surface des bassins. Par l'intérieur du sol, quand celui-ci est trop mou ; par le cours des eaux, si l'on n'a soin de garnir de toiles métalliques serrées l'entrée et la sortie de l'eau ; par la surface, si la faim tourmente les sangsues et les oblige à émigrer. On peut éviter cette émigration préjudiciable, en pratiquant tout au tour des bassins un fossé étroit, mais profond de 3 à 4 pieds, que l'on remplit de sable, de cailloux ou de terre argileuse bien serrée; obstacle qui les arrête dans leur course à travers les terres. On les empêche de fuir le marais par la surface, en garnissant les bords de ce marais d'un bourrelet épais d'une plante sèche et épineuse, comme le petit ajonc *(ullex nanus)* par exemple. Dès qu'elles approchent de cette plante, qui les pique, et où elles ne trouvent pas de point d'appui, elles rentrent dans leurs bassins. Nous avons dit que pour éviter leur fuite par le cours des eaux, il faut en garnir l'entrée et la sortie d'une toile métallique très-serrée. Cette précaution n'est pas suffisante à l'égard des germements, qui sont si déliés, que leur corps peut passer à travers la toile métallique la plus serrée. Donc, il est bon, aussitôt que l'on prévoit la naissance des germements, de ralentir le cours de l'eau; et, si la position du terrain permettait de recevoir l'eau qui alimente les bassins, par un tube élevé de quelques centimètres au-dessus du niveau des bassins, on n'aurait plus qu'à surveiller le tube, ou le conduit, par lequel s'opère la sortie. Ce tube de sortie peut être garni, non-seulement d'une toile métallique; mais encore d'une toile en fil un peu serrée, jusqu'à ce que les germements aient acquis une certaine grosseur. Avec ces précautions, l'émigration est presque impossible, et ce n'est pas d'une petite importance; car on a vu des marais, voisins d'un cours d'eau, ruisseau ou rivière, rester complètement veufs de leurs hôtes au bout de quelques jours.

NOURRITURE DES SANGSUES.

Nécessité d'une alimention artificielle. — Il est reconnu aujourd'hui d'une manière évidente, que les sangsues abandonnées aux soins de la nature, ne se développent que très-lentement. Il leur faut plusieurs années pour arriver à une grosseur moyenne. Celles que l'on nourrit artificiellement, et avec une certaine abondance, acquièrent presque toute leur croissance en quatorze ou quinze mois.

Les sangsues peuvent supporter le jeûne des mois entiers; peut-être même des années, d'après plusieurs écrivains qui se sont transmis, sans contrôle, cette opinion. Une grosse sangsue, récemment gorgée avec du sang *pur*, peut se passer de *tout* aliment pendant vingt mois environ. Après ce temps, elle pèse moins qu'avant le gorgement: elle maigrit, et ne tarde pas à périr si on ne lui donne de nouveau de la nourriture. Une sangsue *petite* peut rester, après un bon gorgement, neuf mois sans être nourrie. Un filet, six mois ; un germement périt en moins de cinquante jours. Une sangsue *grosse* et affamée, ne peut être conservée que sept à huit mois dans une eau pure, si on ne lui donne aucun aliment. Les petites et les filets périssent beaucoup plus vite dans de telles conditions.

La rareté des sangsues, et le désir de la plupart des éleveurs de s'enrichir promptement, ont poussé ceux-ci à nourrir les sangsues avec une telle abondance, qu'ils sont arrivés parfois, en moins de douze mois, à un développement presque complet.

Il faut remarquer que les seules conditions que les éleveurs ont remplies jusqu'à ce jour dans la culture des sangsues, sont leur taille et leur poids. Cependant, tout le monde sait qu'un animal peut être gros et lourd, sans pour cela être robuste, nerveux, vigoureux. C'est pourtant ce qui constitue la qualité d'une sangsue.

Lorsque ces annélides seront moins rares ; lorsqu'au lieu de repas trop substantiels, trop copieux, on leur donnera des repas plus fréquents et d'une digestion plus facile, nous pensons que les conditions de vigueur et d'énergie seront unies à leur volume ; parce qu'alors, n'étant plus engourdis des mois entiers, consacrés à une digestion trop laborieuse, ils pourront, par une gymnastique plus fréquente, acquérir la vigueur qui leur manque aujourd'hui.

Nous avons dit ailleurs que les sangsues d'eau pure étaient plus vigoureuses que les sangsues d'eau bour-

beuse. Cela provient de ce que les premières sont obligées de faire un exercice constant pour se procurer
leur nourriture.

C'est encore par cette raison que les sangsues grises
des Landes, à l'état libre, sont plus recherchées que
les vertes de Bordeaux, qui sont abondamment gorgées depuis quelques générations successives. On ne
tardera pas à reconnaître, que de la manière de les
nourrir dépend leur qualité médicinale.

COMMENT LES SANGSUES PRENNENT-ELLES LEUR NOURRITURE.

Jusqu'à présent, il semble que les naturalistes et les
éleveurs n'ont observé chez la sangsue qu'un seul
moyen d'après lequel elle peut prendre sa nourriture,
la *succion*. A cet égard, nous avons été plus heureux
qu'eux, et c'est au hasard que nous devons de savoir
que les sangsues peuvent se nourrir autrement.

On remarque souvent dans les marais que les sangsues s'attachent aux plantes par leur ventouse anale,
et qu'elles opèrent, ainsi suspendues dans l'eau, un
mouvement ondulatoire assez vif et longtemps répété.
Avant que nous ne soyons fixé sur ce fait, nous avons
demandé à plusieurs éleveurs ce que signifiait ce balancement prolongé. Quelques-uns nous ont dit qu'ils
n'en savaient rien; d'autres nous ont répondu que les
sangsues faisaient cela pour s'amuser; à moins que cet
exercice ne leur fût favorable pour faciliter le dépouille-
ment de leur épiderme. M. Moquin-Tendon considère

ce balancement ondulatoire comme un exercice nécessaire à leur respiration cutanée.

Toutes ces opinions peuvent avoir quelque fonde-
ment, nous ne voulons pas les controverser ; mais l'expérience suivante que nous avons faite, et souvent
répétée, donne la conviction que par ce balancement
les sangsues prennent leur nourriture autrement que
par la succion. Voici cette expérience, que tout le
monde peut faire comme nous : Nous avons mis dans
un bocal douze sangsues affamées ; nous y avons introduit un intestin rempli de sang *non préparé*, huit
sangsues seulement s'y sont accrochées et se sont gorgées. Dès que les premières sangsues ont abandonné l'intestin, le sang s'est répandu dans l'eau par les piqûres ;
alors nous avons vu instantanément les quatre sangsues
qui n'avaient pas piqué s'attacher par leur ventouse
anale aux parois du verre, et exécuter le mouvement
ondulatoire dont nous avons parlé. N'attachant alors
aucune importance à ce balancement, que chacun expli-
quait à sa manière, nous voulûmes un quart d'heure
après changer l'eau du bocal ; mais nous ne fûmes pas peu
étonné de trouver les douze sangsues d'un volume à peu
près égal. Nous ne pouvions distinguer celles qui s'étaient
gorgées à l'intestin d'avec celles qui avaient pris du sang
sans ce secours. Ce fait inattendu fut pour nous un trait
de lumière. Les sangsues pouvaient donc prendre leur
nourriture autrement que par la succion. Bien qu'il ne
soit pas possible de nourrir convenablement les sangsues en répandant du sang dans un marais, parce que
ce sang se dissoudrait dans une masse énorme d'eau,

nous avons tiré de cette observation un avantage que nous ne révèlerons qu'aux personnes qui traiteront de notre appareil-nourrisseur.

Pour confirmer le fait irréfragable que la sangsue peut prendre sa nourriture sans le secours de la succion, voici la seconde expérience à laquelle nous nous sommes livré : Nous prîmes dix sangsues affamées, dont chacune pesait 1 gramme 7 décigrammes environ , ensemble 17 grammes 3 décigrammes. Nous les mîmes dans de l'eau pure, et nous versâmes du sang dans cette eau. Le mouvement ondulatoire des sangsues se manifesta de suite. Nous les laissâmes pendant une heure dans cette eau rougie , et nous les pesâmes de nouveau. Leur poids total s'éleva à 81 grammes 4 décigrammes. Elles avaient donc pris 64 grammes 1 décigramme de nourriture entr'elles toutes; c'est-à-dire 6 grammes 4 décigrammes chacune. Nous plaçâmes ensuite ces dix saugsues dans un flacon d'eau pure, pour les observer de nouveau. Trois jours après leur volume s'était réduit considérablement. Nous les pesâmes encore , et leur poids total n'était plus que de 39 grammes 2 décigrammes. Nous analisâmes l'eau et n'y trouvâmes aucun vestige de sang. Chacun peut faire cette expérience. Seulement, nous faisons observer qu'elle réussit moins bien en hiver qu'en été.

Ce fait explique pourquoi les sangsues d'eau bourbeuse , limoneuse , épaisse , grossissent et se multiplient davantage que les sangsues d'eau pure. Pourquoi les sangsues d'eau pure , ou qui y ont séjourné un ou deux mois, sont plus affamées et piquent mieux ?

Cela prouve enfin que les sangsues sécrètent rapidement, par les pores de leur peau, l'eau qu'elles ont avalée avec les aliments qu'elles retiennnent dans leur estomac.

La Société hygiénique de la Gironde, dans son rapport du 19 juillet 1850, avait décidé que les éleveurs de sangsues introduiraient dans leurs marais l'eau chargée de limon, et qu'ils la renouvelleraient au moins tous les six jours, en vue, sans doute, du colmatage. Les éleveurs n'ont tenu aucun compte de cette décision; et n'ont pas compris qu'ils se privaient par là d'une source importante de nourriture pour leurs sangsues.

Les sangsues ont positivement deux manières de prendre leur nourriture. La première, et la plus ordinaire à tous les âges, par l'absortion des matières extrêmement divisées dans l'eau: c'est ainsi que nous avons fait avaler à des sangsues : du lait, de la gélatine, de la matière cérébrale, de l'albumine d'œuf, du gluten, de l'amidon, etc., etc. La deuxième, par la succion, connue de tout le monde, et dont nous allons nous occuper.

Les sangsues piquent les animaux à sang froid et les animaux à sang chaud. C'est un fait reconnu; mais laquelle de ces deux sortes de proies est pour elles la meilleure et la plus salutaire? Tous les naturalistes répondront que le sang et les liquides gélatineux des animaux à sang froid, semblent être leur nourriture naturelle et par excellence, parce que le sang de ces animaux est de la même nature que celui des sangsues;

et que, dans les lieux qu'elles habitent, elles ne trouvent qu'exceptionnellement des proies à sang chaud, qui leur échappent facilement par la fuite. Ils vont jusqu'à conseiller de ne nourrir les sangsues qu'avec des grenouilles, des salamandres, des têtards, etc., moyens impraticables, qui deviendraient extrêmement dispendieux, et avec lesquels on mettrait quatre à cinq ans, et peut-être plus, pour obtenir l'entier développement des sangsues. Industriellement parlant, c'est de toute impossibilité.

Il faut donc employer le sang des animaux à sang chaud, moins coûteux et plus rapide dans les résultats que l'on se promet; mais, seulement, il faut l'employer d'une manière *conforme* aux besoins des sangsues: c'est ce que nous faisons par notre méthode, et c'est ce que l'on trouvera plus loin.

LES SANGSUES AFFAMÉES PIQUENT-ELLES LES SANGSUES GORGÉES ?

On remarque ordinairement dans les marais où s'introduisent les chevaux une certaine mortalité. On trouve même, au triage qui se fait après chaque pêche, beaucoup de sangsues blessées, déformées et rejetées par le commerce. L'opinion la plus accréditée est qu'elles se piquent entr'elles ; c'est-à-dire que celles qui ne sont pas gorgées sucent celles qui le sont. Selon nous, c'est une erreur ; et toutes nos observations, soit à l'égard des sangsues à l'état de nature, soit à l'état de culture, n'ont pu nous confirmer ce fait, qui est dans la croyance de presque tous les éleveurs. Les blessures et les déformations que l'on remarque sur certaines sangsues, proviennent de ce que l'on appelle la maladie de l'anneau, occasionnée par les gorgements excessifs, ou sont la conséquence des piétinements des chevaux, qui en blessent un grand nombre. D'après nos études, nous croyons pouvoir avancer, que, tant que les sangsues sont dans l'eau, elles ne se piquent pas entr'elles. Ce qui a pu encore porter à cette croyance, c'est que l'on voit souvent les petites sangsues s'accrocher aux grosses, qui les transportent sans trop se fatiguer; mais nous croyons pouvoir affirmer que dans ce cas, pas plus que dans les autres, les grosses sangsues ne sont blessées, entamées par les petites. Un jour que nous étions chez un marchand de sangsues, et que nous le questionnions sur ce fait, il nous dit que les sangsues se piquaient entr'elles; et pour preuve, il nous montra des sangsues qu'il venait de recevoir, et dont plusieurs étaient piquées. Mais ce qu'il ne nous dit pas tout d'abord, c'est que ces sangsues venaient de très-loin, par un temps extrêmement chaud, et renfermées en grand nombre dans des sacs. Il n'y a donc rien d'étonnant que, dans de telles conditions, et par suite des souffrances éprouvées par ces animaux, ils se soient mordus, sucés ou blessés, dans la rage d'une captivité aussi douloureuse. Nous posons en principe que les sangsues hors de l'eau, et réunies en grand nombre, peuvent se piquer, se blesser; mais que dans leur élément ce fait n'existe pas.

Nous avons fait plusieurs expériences pour nous assurer si dans l'eau, les sangsues affamées piquaient celles qui sont gorgées, et toujours ces expériences ont été négatives. Alors nous nous sommes imaginé un autre moyen, que voici : Nous avons mis cent sangsues dans un vase étroit, *mais sans eau*; nous avons versé sur ces sangsues à peu près le quart de leur poids de sang frais. A l'instant même elles se sont mises en mouvement, et le sang versé, insuffisant pour satisfaire leur voracité, fut bien vite absorbé. Après quoi, nous les avons vues s'agiter avec plus de force encore, se lécher entr'elles, ainsi que les parois du vase, et, ne trouvant plus de quoi assouvir leur faim, se livrer un combat à outrance et se blesser horriblement. Une fois certain de ce fait, nous mîmes une grande quantité d'eau dans ce même vase, et la tranquillité se rétablit immédiatement.

LES SANGSUES AFFAMÉES SUCENT-ELLES LES CADAVRES ET LE SANG MORT ?

Rien n'est plus facile que la vérification de ce fait, même pour les savants de cabinet. Cependant, guidés par l'autorité des écrivains, plutôt que par leurs propres expériences, quelques-uns ont avancé que les sangsues *ne sucent jamais les cadavres*. Les observations que l'on a recueillies dans les hôpitaux à cet égard, ne prouvent rien. Les sangsues peuvent refuser de piquer un homme mort, parce que ce sang est peut-être vicié par la maladie, ou coagulé dans les veines, ou enfin avoir un certain degré de décomposition, sans que cela soit une preuve convaincante.

Nous sommes certains que dans les marais, les sangsues s'attachent aux cadavres et aux lambeaux de chair fraîche. Elles sucent pendant quelques moments les filets extrêmes des veines, et, comme la circulation du sang ne les remplit pas comme pendant la vie, elles les abandonnent promptement, leur succion devenant infructueuse. Si, au lieu de lambeaux de chair, on soumet à leur succion des morceaux de foie qui contiennent beaucoup de sang, elles s'y accrochent et ne les abandonnent que lorsqu'elles sont gorgées. Quelques marchands de sangsues, qui sont les premiers à dire que ces animaux ne sucent pas le sang *mort*, emploient souvent le sang frais de boucherie, pour augmenter le poids et le volume de leur marchandise.

Voici le moyen qu'ils emploient le plus ordinairement : Ils mettent du sang tiède dans un vase à large ouverture et peu profond ; ils placent sur ce sang un tamis en flanelle, et sur la flanelle un certain nombre de sangsues qui se gorgent à travers l'étoffe. Quand celles-ci ont acquis le volume désiré, on les remet dans l'eau, et on les remplace par d'autres. Si le sang frais de boucherie, si le sang *mort*, comme l'on dit, était nuisible à la santé des sangsues, croyez-vous que les marchands leur en donneraient ? Nous ne le pensons pas ; leur intérêt est là pour vous répondre.

LE SANG DE BOUCHERIE EST-IL NUISIBLE PAR LUI-MÊME A LA SANTÉ DES SANGSUES ?

La fraude dont nous venons de parler a mis en discrédit le sang de boucherie, parce qu'on a remarqué avec raison que les sangsues gorgées étaient inutiles pour la médecine, puisqu'elles ne piquent que très-peu ou point.

Mais ce n'est pas le sang de boucherie qui devrait être discrédité dans ce cas, c'est le gorgement. Une sangsue que l'on sortirait du marais et qui viendrait d'être gorgée de sang *vivant*, si nous pouvons nous servir de cette expression, ne piquerait pas davantage. Eh! pourquoi piquerait-elle? puisqu'elle a dans son estomac une nourriture abondante. Attendez quelques mois que la digestion soit finie ou avancée, et cette sangsue, tout-à-l'heure réputée mauvaise, sera excellente, bien que gorgée précédemment avec du sang de boucherie. Quelques auteurs prétendent que le sang de boucherie est altéré, décomposé, et ils croient avoir tout dit quand ils l'appellent du sang *mort*. Vraiment c'est fournir bien légèrement une pareille assertion.

Ce sang fait portant partie de la nourriture de plusieurs êtres dans tous les rangs zoologiques. Nous-mêmes, nous mangeons sous différentes formes, et notamment en boudins, ce sang que l'on dit être si mauvais. Du reste, la chimie n'a trouvé entre ce que l'on appelle du sang *vivant* et du sang *mort*, qu'une différence presqu'inappréciable. Tous les chimites qui se sont occupés de l'étude du sang, assurent qu'il y a plus de différence entre le sang de deux individus de même espèce, entre le sang d'une première et d'une seconde saignée, entre le sang des veines et celui des artères, entre le sang des individus d'un âge différent, qu'entre le sang qui circule dans un animal vivant et celui qu'il fournit tout de suite après sa mort. Ce n'est pas par des phrases déclamatoires et des paroles de dédain que l'on doit traiter de pareilles matières ; c'est par la science et l'expérience, et l'une et l'autre ont prononcé.

M. Soubeiran appelle tout bonnement ceux qui parlent ainsi *des entêtés*. (Rapport sur la méthode de M. Borne.)

On nous a dit aussi qu'un éleveur avait tué une partie de ses sangsues en leur donnant du sang de boucherie. Si ce fait est vrai (et il peut l'être), nous soutenons alors que le sang n'avait pas été dégagé de sa fibrine, qu'il avait un commencement de corruption, ou qu'on en a laissé prendre aux sangsues une trop grande quantité. Ce qui, d'après notre méthode, ne peut avoir lieu. On peut se tuer avec le meilleur des aliments, si l'on en prend trop.

Avant que d'appliquer le sang de boucherie à la nourriture des sangsues, nous avons dû faire, et longuement, des expériences sur ses effets salutaires ou nuisibles. Nous sommes allé plus loin, et nous nous sommes dit : Si, par hasard, nous avions un grand nombre de sangsues à nourrir, et que le sang frais de boucherie viendrait à nous manquer, ce qui est peu probable, comment ferions-nous pour satisfaire tous ces appétits. Essayons s'il n'y aurait pas moyen de remplacer, au besoin, le sang frais par le sang sec ; car, dans ce cas, on pourrait, dans tout le courant de l'hiver, alors que les sangsues n'ont pas besoin de cette nourriture, on pourrait, disons-nous, faire des provisions pour les moments de disette, et nous avons essayé de nourrir les sangsues avec du sang sec.

Voici comment nous avons procédé: Nous avons étendu du sang frais sur plusieurs feuilles de verre, nous l'avons fait sécher le plus rapidement possible, après quoi nous l'avons détaché en écailles. Nous avons fait dissoudre ce sang dans de l'eau pure, et l'avons donné à cent sang-sues qui se sont gorgées, et en ont pris à peu près la moitié de leur poids. Elles l'ont parfaitement digéré, sans en éprouver le plus petit malaise. Cependant, ce sang était infiniment plus oxigéné que le sang frais de boucherie.

A Paris, l'on prépare en grand le sang sec, notamment dans l'usine de M. Derosne ; en apportant à cette opé-ration un certain soin, une dissécation rapide, et à une température pas trop élevée, on pourrait, au besoin, utiliser notre expérience; de telle sorte, que tout le sang provenant de la boucherie aurait un emploi utile.

Il est possible que nous donnions incessamment un procédé bien simple et peu coûteux, au moyen du-quel chaque éleveur pourra préparer lui-même sa pro-vision de sang sec. Mais nous nous hâtons de dire que le sang frais est, selon nous, préférable, et que l'on ne devra employer le sang sec qu'à défaut du premier.

D'autres auteurs prétendent encore que le sang coa-gulé est nuisible aux sangsues ; que ce sang les rend malades, et que beaucoup en meurent. Nous expliquons dans le chapitre suivant, ce qu'il y a de vrai dans cette assertion. Mais on a dit tant de choses sur le sang, que nous ne pouvons résister au désir que nous avons de raconter une anecdote toute récente, avant que de clore ce chapitre.

Un éleveur prétendait devant nous que le sang que prennent directement les sangsues dans les veines de l'animal était le seul qui leur fût salutaire ; tandis que le sang de boucherie leur était mortel. Avant que d'aller plus loin , nous devons dire que dans la matinée de ce même jour, nous étions allé à l'abattoir pour prendre du sang, et que la personne qui nous en a livré, nous dit : C'est peut-être pour des sangsues? Nous en avons fourni hier à M. tel..., de tel endroit, qui nous en prend beaucoup. Ce monsieur tel était précisément le même individu qui soutenait devant nous que le sang de boucherie est mortel pour les sangsues. Il était loin de se douter , lorsqu'il nous fit cette réponse , que nous savions qu'il prenait lui-même beaucoup de sang à l'abattoir; aussi, lui répondîmes-nous, le sourire sur les lèvres : Pardon , monsieur ; mais si le sang de boucherie donne la mort aux sangsues , vous avez donc résolu d'empoisonner tous vos marais; car hier encore , on vous a livré du sang à l'abattoir. L'éleveur en question tourna les talons sans nous répondre; et, bien que nous l'ayons rencontré depuis, il n'a pas fait mine de vouloir continuer la conversation sur le danger du sang de boucherie. Ceci prouve que l'industrie fournit souvent des objections qui ne sont qu'intéressées.

Du reste, il suffit, pour s'assurer que plusieurs éleveurs emploient le sang de boucherie , de se rendre à l'abattoir de Bordeaux , et d'interroger les bouchers. Nous pouvons citer un propriétaire de Blazimont, et un autre d'Arcins, qui n'en font pas un mystère, et qui n'ont jamais employé de chevaux. Mais le moyen dont ils se servent est vicieux, attendu qu'ils ne peuvent nourrir les filets, et qu'ils gorgent trop les grosses sangsues.

TOUT GORGEMENT COMPLET AVEC UN ALIMENT TROP NUTRITIF EST NUISIBLE AUX SANGSUES.

La nature ayant placé les sangsues dans un milieu qui ne leur fournit que de petites proies, a pu, sans danger pour elles, leur donner une avidité extrême. Tant qu'elles n'ont pour nourriture que des grenouilles, des têtards, des salamandres, des poissons, etc., cette avidité ne peut leur être préjudiciable ; mais elle leur devient mortelle dès qu'on leur donne en abondance le sang des mamifères. M. Soubeiran dit dans l'un de ses rapports : « Si les sangsues, dans les marais naturels, » n'avaient d'autre chance de se nourrir que celle qui » leur est donnée par les bestiaux, leurs repas, livrés » à un tel hasard, ressembleraient trop souvent à des » jeûnes. »

M. Huzar dit aussi dans sa note sur la multiplication des sangsues : « Ce n'est donc pas avec le sang » chaud des mamifères qu'elles se nourrissent ; ce n'est » pour elles qu'un repas accidentel. C'est même une » nourriture tellement exceptionnelle, qu'elle leur est » nuisible, et qu'un certain nombre de celles, ainsi » gorgées, périt quelque temps après la succion du » sang, faute de pouvoir le digérer. »

Tous les naturalistes, avons-nous dit, sont d'accord qu'une sangsue trop gorgée avec un aliment trop nutritif, est dans un état véritablement maladif. Nous ne voyons là que la punition d'un excès. D'après les expériences faites dans les hôpitaux, rapportées par M. Moquin-Tandon, page 276 de sa *Monographie*, parmi les sangsues gorgées de sang humain, il en périt plus de vingt sur cent.

La cause de cette mortalité est, selon nous, l'indigestion et la distension excessive de tout le corps de la sangsue, malgre l'élasticité de sa peau. Cette distension extrême est aussi la cause de la maladie de l'anneau. Et, en effet, si la sangsue a acquis par la succion un volume trop considérable, elle ne peut se dépouiller de l'épiderme qu'elle renouvelle tous les huit jours. Dans ce cas, cet épiderme, qui est un corps inorganique, et qui n'a pas l'élasticité de la peau de l'animal, s'enroule sur son corps, forme un anneau qui étrangle la sangsue, la blesse, et la tue quelquefois.

Un autre inconvénient résulte d'un gorgement trop considérable, c'est l'inertie qu'en éprouvent les sangsues; elles restent engourdies fort longtemps. A peine si elles peuvent faire un mouvement, et se laissent tomber au fond de l'eau plutôt qu'elles n'y plongent.

Les éleveurs qui prétendent que cette période d'engourdissement n'est pas longue, sont dans l'erreur. Ils gorgent un bassin jusqu'à ce qu'aucune sangsue ne réponde à l'appel. Vingt ou trente jours après, ils gorgent ce même bassin; et, comme ils voient encore des sangsues qui prennent, ils se figurent que ce sont les premières gorgées. Nous ne sommes pas de cet avis, ce sont des sangsues qui n'avaient pas pris part au pre-

mier repas, ou qui s'y étaient gorgées très-imparfaitement.

Dans nos premiers essais, il y a près de quinze ans,
la première fois que nous avons voulu gorger des sangsues avec du sang de boucherie, dont nous avions rempli des intestins, nous eûmes un désappointement que
nous n'oublierons jamais. Nous ne connaissions encore
que très-imparfaitement l'élève de la sangsue ; nous
n'avions pas, comme aujourd'hui, trouvé le moyen de
les soumettre à une ration de 1 ou 2 grammes ; enfin,
nous donnions le sang sans lui faire subir aucune préparation.

Le marais où se fit cet essai malheureux contenait
dix mille sangsues. Il suffisait de frapper l'eau pour les
voir accourir et attaquer la main avec avidité. Elles pri-
rent aux intestins tout le sang qu'elles voulurent. Pendant trois mois, tout ce que nous fîmes pour les appeler
fut inutile. Ce ne fut qu'au printemps suivant, c'est-à-
dire six mois après cette expérience, qu'elles reparu-
rent, mais en quantité moins considérable que la première fois. Bien que nous n'ayons pu constater le nombre qui périt par suite de ce gorgement immodéré, nous
restâmes convaincu qu'il était considérable.

Il ressort de nos expériences faites sur un grand
nombre de sangsues, que celles que l'on nourrit au
moyen de quadrupèdes vivants restent beaucoup plus
longtemps à faire leur digestion, que celles qui sont
nourries par le sang de boucherie préparé d'après notre système. Que l'on n'oublie pas ce que nous avons
dit, qu'une nourriture limitée et appropriée, convient

parfaitement au développement des sangsues, et que, leur digestion n'étant plus ni longue, ni laborieuse, elles peuvent acquérir par l'exercice cette force musculaire qui les rend si précieuses en médecine. Non-seulement les gorgements excessifs sont nuisibles à leur santé; mais ils retardent ou empêchent souvent la ponte. Dans les marais naturels, nous avons trouvé des cocons vers la fin du mois de mai, tandis que dans les marais où l'on gorge abondamment, on n'obtient la ponte qu'en août ou septembre, et même en novembre ou décembre.

LE GORGEMENT COMPLET EST MOINS A CRAINDRE POUR LES PETITES SANGSUES QUE POUR LES GROSSES.

On a remarqué, sans s'en rendre compte, que les grosses sangsues périssaient plus ordinairement que les petites et que les filets, à la suite d'un gorgement copieux. Ce résultat est en rapport avec la distension relative de leurs organes, puisque d'après MM. Sanson et Moquin-Tendon :

Les petites absorbent.	2 fois 1/2 leur poids.
Le petites moyennes.	4 fois —
Les grosses moyennes.	5 fois 1/2 —
Les grosses.	5 fois 1/11 —

Nous avons répété ces expériences, pour en connaître l'exactitude, et nous avons trouvé à peu près les mêmes résultats. Elles prouvent, ces expériences, que le gorgement des petites sangsues est, relativement à leur corps, moindre que celui des grosses, et, par con-

séquent, moins dangereux pour leur santé. La digestion chez les petites sangsues étant aussi plus rapide
que chez les grosses, c'est encore une chance de moins
dans le danger qu'elles courent.

ÉTUDE DU SANG PAR RAPPORT A LA NOURRITURE DES SANGSUES.

Composition du sang. — Les principaux matériaux
du sang sont : l'eau, l'hématosine, ou cruor, l'albumine
et la fibrine. L'eau est celui des éléments du sang dont
les pertes se réparent le plus promptement ; elle est
tirée des aliments sans aucune élaboration préalable,
aussi sa quantité est-elle fort variable. Elle dépend de
la santé de l'animal, de son âge, et surtout des hémor-
rhagies qu'il a subies.

M. Lecanu a retiré du sang provenant d'une première
saignée : eau, 780 ; globules, 139 ; sels, etc., 80. Une
troisième saignée a fourni : eau, 853 ; globules, 76 ; sels,
etc., 70. (Thèses de Paris, 1837, n° 395.)

D'après cette expérience, et beaucoup d'autres que
nous pourrions citer, on voit que l'eau est beaucoup
plus abondante dans le sang des animaux que l'on
saigne souvent ; et que, par conséquent, les chevaux
que l'on met dans un marais ne peuvent donner qu'une
nourriture d'une nutrition très-variable.

L'hématosine, ou cruor, est la partie rouge du sang ;
elle est composée de globules qui ont une enveloppe et
un noyau. On peut regarder le cruor comme la partie
principale du sang. C'est aussi celle qui se répare le plus

difficilement, parce qu'elle doit subir une élaboration toute spéciale. Le cruor est suspendu dans l'eau ; il n'y est pas dissout ; mais si l'on mêle au sang une quantité considérable d'eau, l'enveloppe des globules se ramollit, la dissolution a lieu, et l'on ne voit plus, même au microscope, la moindre trace de globules.

L'albumine est une subtance de la même nature que celle du blanc d'œuf. Elle se trouve dissoute dans l'eau du sang, et fait partie également de l'enveloppe des globules du cruor.

La fibrine semble devoir être dans le sang vivant à l'état liquide. Une fois ce sang refroidi ou coagulé, la fibrine est blanche, filamenteuse et insoluble dans l'eau.

Nous avons dit que la proportion des éléments constitutifs du sang varie souvent selon l'âge et la santé des animaux. Le tableau ci-après, établi par Denis, donnera une idée à peu près exacte de la composition du sang.

Eau.	7,320
Cruor.	1,814
Albumine.	600
Graisse phosphorée.	76
Chlorure de sodium.	42
Chlorure de potassium.	36
Fibrine.	25
Osmazone.	13
Cruorine.	10
Soude.	20
Carbonate de chaux.	26
Phosphate de chaux.	8
Oxide de fer.	10
Total.	10,000

D'après ce tableau, l'eau représente presque les trois quarts du poids du sang. Le cruor n'est qu'environ la cinquième partie; l'albumine, la seizième partie; la fibrine, la quatre centième partie. Il est important pour l'éleveur de sangsues, de ne pas oublier l'extrême petitesse de la quantité relative de la fibrine.

Nous dirons pourquoi, en parlant de la préparation pratique du sang, d'après notre méthode.

Quantité. La quantité de sang de chaque animal ne varie pas seulement selon son poids, mais encore selon son espèce.

Le bœuf donne 8 k. de sang par 100 k. de poids (Halès).
La grenouille.. 6　　　 »　　 par 100　　　 »　　　 (Herbst).
Le cheval.... 5 1/2 »　　 par 100　　　 »　　　 (Halès).
Le veau ⎱
L'agneau ⎰ .... 5　　 »　　 par 100　　　 »　　　 (Rosa).
Le canard.... 3 1/2 »　　 par 100　　　 »　　 (Allem-Moulins).
La poule..... 3　　　 »　　 par 100　　　 »　　　 (Idem).

On voit, d'après ce tableau, que le bœuf, à poids égal, a beaucoup plus de sang que le cheval.

Coagulation. Le sang des vertébrés, peu de temps après sa sortie de la veine, se coagule et se divise en deux parties : l'une, liquide et plus pesante, s'appelle *serum*; l'autre, solide et molle, qui surnage, est le *caillot*. On ignore complètement la cause de la coagulation du sang. La chimie ne trouve qu'une très-petite différence entre le sang des veines et le sang caillé. Elle en trouve une beaucoup plus grande, comme nous l'avons déjà dit, entre le sang d'un individu et celui d'un autre individu de même espèce.

On connaît seulement quelques-unes des causes qui accélèrent ou retardent la coagulation. L'évaporation l'accélère. C'est ce qui explique pourquoi le sang que l'on reçoit dans un vase à large ouverture, se coagule plus vite que celui qui est reçu dans un vase profond. Bien que l'on mette le sang dans des vases hermétiquement fermés, la coagulation a lieu la même chose ; seulement, elle est un peu retardée. Le contact de l'air l'accélère, et pourtant cette coagulation se produit sans ce contact à l'intérieur des cadavres. Une température élevée accélère la coagulation ; une température froide peut maintenir le sang liquide une heure environ, d'après Scudamore et J. Davy. Le galvanisme hâte la coagulation, et l'air électrisé la ralentit, d'après Rossi.

Le sang se coagule plus ou moins vite, suivant les espèces d'animaux.

Le sang du cheval	emploie	de 5 à 13 minutes.		(Thackrak).
»	bœuf	»	2 à 10	»	id.
»	chien	»	1 à 3	»	id.
»	l'agneau	»	1/2 à 1	»	id.

Le sang de pigeon se coagule instantanément (Fiedler). Celui des annélides ne se coagule pas (Blainville).

Tous les matériaux du sang coagulé sont solubles dans l'eau, la fibrine exceptée.

Dessèchement du sang. Le sang frais, desséché *rapidement* à une *douce* température, conserve toutes ses qualités et ne perd que l'eau.

Dès-lors, il peut se conserver des années.

Le sang desséché à une haute température, de 80 degrés par exemple, est complètement insoluble dans l'eau. Il doit cette propriété à la grande quantité d'albumine qu'il contient.

Putréfaction. Le sang tiré des veines se corrompt ordinairement au bout de deux, trois ou quatre jours.

L'air chaud et humide, l'état électrique de l'atmosphère, une petite portion de sang déjà corrompue, un vase malpropre, sont autant de causes qui en accélèrent la décomposition.

Cette décomposition est due à l'eau ; car le sang desséché ne se corrompt pas. Celui qu'on a évaporé se gâte beaucoup plus tard ; tandis que celui auquel on a mêlé de l'eau, se putréfie très-rapidement.

Ce dernier fait doit être pris en considération par l'éleveur, qui trouvera plus loin l'application de cette observation.

Les sangsues distinguent facilement le sang frais de celui qui ne l'est pas. Par exception, on voit parfois quelques grosses sangsues avaler du sang qui commence à se gâter ; mais aucun filet n'y touche. Le sang altéré est un poison : Midas, Thémistocle et Annibal furent empoisonnés par ce moyen. A l'odeur, on reconnaît bien vite si le sang commence à se gâter.

DIFFÉRENCE NUTRITIVE ENTRE LE SANG DES MAMIFÈRES ET CELUI DES ANIMAUX A SANG FROID.

Nous avons dit que la nourriture naturelle des sangsues était le sang des animaux à sang froid, et que celui des animaux à sang chaud n'était pour elles qu'un aliment exceptionnel et très-souvent nuisible.

Le tableau suivant, tiré des annales de physique et de chimie, tom. 18 et 23, donne la différence qu'il y a entre ces deux sortes de sang.

| | Animaux à sang chaud. | | | Animaux à sang froid. | | |
| | SANG DE | | | SANG DE | | |
	Cheval.	Veau.	Chèvre	Truite.	Anguille.	Grenouille
Eau........	8,183	8,226	8,146	8,637	8,460	8,846
Particules.	920	912	1,020	638	600	690
Albumine.	897	828	834	725	940	464
	10,000	10,000	10,000	10,000	10,000	10,000

D'après ce tableau, la partie-nutritive du sang des mamifères est à la partie nutritive des animaux à sang froid, comme 3 est à 2; c'est-à-dire que deux parties du premier sont aussi nourrissantes que trois parties du second. C'est ce qui nous a suggéré l'idée de réduire le sang de boucherie aux mêmes conditions du sang des animaux à sang froid.

MÉTHODES D'ALIMENTATION ARTIFICIELLE.

On a essayé diverses méthodes pour nourrir artificiellement les sangsues. Elles conviennent toutes, en ce sens qu'elles emploient le sang des animaux à sang chaud. Nous allons les examiner successivement, en disant ce qu'il y a de bon et de mauvais dans chacune d'elles, et nous terminerons par la nôtre.

EXAMEN DES MÉTHODES.

Méthode Bordelaise.

GORGEMENT DES SANGSUES PAR LES CHEVAUX, LES ANES ET LES MULETS VIVANTS.

Cette méthode, que l'on pratiquait depuis longtemps en Bretagne, a été suivie dans la Gironde depuis 1846. Voici comment on opère communément :

On introduit dans les marais couverts d'eau des ânes, des mulets, et, plus ordinairement, des chevaux. On les oblige à circuler dans le marais, et le bruit de leur marche suffit pour attirer les sangsues. Elles suivent les chevaux, et sitôt que ceux-ci s'arrêtent pour brouter l'herbe, elles s'accrochent à leurs jambes, et ne les quittent que lorsqu'elles tombent complètement gorgées, ou lorsque l'animal s'en débarrasse par des piétinements vigoureux.

Les chevaux, tourmentés par les nombreuses blessures des sangsues, s'échapperaient promptement du marais, sans les fossés ou cordons d'enceinte qui les retiennent prisonniers. Lorsqu'un cheval tombe de faiblesse ou d'épuisement, ce qui arrive très-souvent, on ramasse quelques centaines de sangsues ou des milliers de filets, et on les place près de la victime, qui ne tarde pas à mourir. On laisse encore ce cadavre au même lieu, tant qu'il attire à lui les sangsues, et on ne l'enlève du marais que lorsqu'elles l'abandonnent, et que la décomposition va commencer; « car ce n'est qu'alors » que les sangsues le repoussent. » (sic.)

Lorsque les chevaux sont fatigués par les pertes sanguines, on les fait reposer dans les pacages, pour les livrer de nouveau aux sangsues.

Nous trouvons dans cette méthode sept inconvénients que nous allons examiner.

Premier inconvénient. — L'introduction des chevaux dans les marais est nuisible à la durée des marais, à la santé des sangsues, à leur multiplication, à la santé publique. Nous ne nous étendrons pas sur ce dernier point qui est du ressort de l'autorité, et dont elle se préoccupe en ce moment.

Les meilleurs marais à sangsues de la Gironde se composent d'une tourbe très-spongieuse, très-molle jusqu'à 2 ou 3 mètres de profondeur. Les chevaux, pas même les hommes, ne pourraient entrer dans ces marais, s'ils n'étaient recouverts d'une couche un peu résistante formée par les herbes, les racines, et surtout par l'action du soleil pendant les mois du dessèchement annuel. Or, les chevaux circulant dans ces marais, détruisent vite cette croûte légère, désagrègent les racines et détruisent plusieurs plantes. La surface du sol alors devient molle, et c'est ce qui fait que quelques-uns des marais de Bordeaux ont été défoncés dès la deuxième ou la troisième année, d'après le témoignage de M. L. Vayson, de M. Busquet et de plusieurs autres éleveurs.

Malgré le dessèchement, qui n'est pas toujours possible partout, il y a aujourd'hui des marais à sangsues dans lesquels un cheval ne peut entrer qu'en s'enfonçant jusqu'au ventre. Cet inconvénient oblige plusieurs éleveurs à se servir d'ânes, dont le poids inférieur à celui des chevaux, ne fait que retarder un peu le défoncement.

L'introduction des animaux dans les marais a encore un autre inconvénient, c'est d'être nuisible à la santé des sangsues. En effet, lorsque cinquante à soixante chevaux ont séjourné pendant trois ou quatre jours dans un *barrail*, ce n'est plus un marais, ce n'est plus de l'eau, c'est un bourbier infect qui répand au loin une odeur paludéenne. Tout le monde peut vérifier ce fait aux portes mêmes de Bordeaux. Tous les sels et les parties solubles se mêlent à l'eau; et si les sangsues sont aussi irritables, si leur peau est aussi sensible que les éleveurs et les naturalistes le disent, il faut avouer que cette eau ne peut que leur être nuisible. Elles en sont infectées dans le moment le plus critique de leur existence, au commencement de leur digestion laborieuse, lorsqu'elles sont dans un état de prostration, dans une inaction complète, dans un état véritablement maladif.

La sangsue gorgée a besoin d'un repos absolu. Or, le gorgement de chaque *barrail* exige l'introduction des chevaux pendant plusieurs jours; et les sangsues qui se sont gorgées les premières sont incommodées par le piétinement continuel des animaux introduits; d'autant plus que la sangsue gorgée ne peut, tout de suite après le gorgement, que s'enfoncer très-légèrement dans la terre. On a vu même des sangsues qui dans le gorgement ont pris plus de caillot que de serum, rester flotantes sur l'eau, sans pouvoir s'enfoncer, attendu que le caillot pèse moins que le même volume d'eau. Dans ces deux cas, il arrive fréquemment que les chevaux en écrasent un grand nombre.

Les éleveurs ne s'aperçoivent de cette mortalité qu'au moment du dessèchement, s'il a lieu aussitôt après le gorgement. Dans tous les cas, ils ne s'aperçoivent que d'une mortalité partielle. Celle qui est la conséquence des gorgements effectués longtemps avant le dessèchement leur échappe totalement.

L'introduction des chevaux est encore nuisible à la multiplication des sangsues, parce que leurs piétinements détruisent un grand nombre de cocons.

Deuxième inconvénient. —L'acte du gorgement est lui-même nuisible aux sangsues, suivant le mode actuel.

La plupart des chevaux que l'on destine aux sangsues sont des animaux ruinés, hors de service; et s'il s'en trouve quelques-uns de vigoureux, ce sont alors des chevaux vicieux, rétifs, ou privés de la vue. Les chevaux les plus calmes par leur âge ou par leurs infirmités, cherchent, lorsqu'ils se sentent piqués, à fuir le marais; ils en sont empêchés par l'enceinte qui l'entoure. Force est donc à eux de rester livrés à leurs ennemis; mais ils ne tardent pas à reconnaître que pour se soustraire, du moins en partie, aux piqûres des sangsues, il leur faut enfoncer le plus possible leurs jambes dans la vase, et piétiner avec une certaine violence. On nous assure que les chevaux apprennent vite cette ruse. Nous ne pensons pas que cela ait lieu sans occasionner la mort d'un grand nombre de sangsues. Si le cheval est robuste, vigoureux, dès qu'il se sent piqué, il trotte avec fureur; il parcourt tout le marais, trouble les chevaux paisibles, et détruit incontestablement beaucoup de sangsues. Pour obvier, du moins en partie, à cet inconvénient, les gardes lient le cheval fougueux à un pieu, pour le forcer à rester tranquille; bientôt attaqué de toutes parts par les sangsues, il est obligé de se rendre, parce qu'avec son sang qui s'en va, ses forces s'épuisent; mais il ne se rend pas sans avoir jonché le sol d'un grand nombre de ses ennemis. Lorsqu'on pratique le gorgement pendant les journées très-chaudes, alors que le soleil brûle le sol et les plantes, la mort d'un grand nombre de sangsues est également infaillible. C'est M. L. Vayson qui a fait cette observation le premier. « Beaucoup de sangsues, dit-il, dans » leur avidité, trouvant la place prise à la ligne de » l'eau, se hissent hors de leur élément sur les parties » supérieures des jambes des chevaux, et, pendant » leurs aspirations, elles peuvent être foudroyées. Ce » danger est particulièrement à redouter pour les pe- » tites, un instant suffit pour qu'elles soient durcies et » racornies comme un morceau de bois sec et rougeâ- » tre. »

Troisième inconvénient. — Le sang des chevaux qu'on livre dans la Gironde aux sangsues est, d'un jour à l'autre, inégalement nutritif, et parfois mauvais, ainsi que nous l'avons démontré d'une manière, selon nous, convaincante et mathématique, à l'article *étude du sang*.

Lorsqu'on retire les chevaux des marais de la Gironde, on examine leurs pieds, et l'on enlève les sangsues qui y restent attachées. Hé bien, parmi ces sangsues, les dernières gorgées sans doute, nous en avons observé un grand nombre dont le tiers antérieur était transparent. Tous les éleveurs peuvent vérifier ce fait. La première fois que nous fîmes cette remarque, nous fûmes très-surpris, car tout le monde sait qu'une épaisseur de 5 millimètres de bon sang n'est jamais transparente. Pour reconnaître la nature de ce sang, nous le fîmes dégorger aux sangsues, et elles rendirent, au lieu d'un sang normal, une eau légèrement rougie. Elles avaient donc tiré des veines de l'animal ce sang imparfait, parce que celui-ci n'avait pu en fournir d'autre.

Pour s'assurer que la plupart des chevaux qui sortent des marais ne peuvent donner qu'une mauvaise nourriture, il suffit de regarder l'extrême blancheur de leurs gencives, le gonflement de leur tête, et l'on reconnaîtra par là de quelle nature est le liquide qui circule dans leurs veines.

On prétend qu'il y a des éleveurs hors de la Gironde qui, après avoir fait rester leurs chevaux quelques heures seulement dans le marais, les retirent et les laissent se reposer quinze à vingt jours. C'est une bonne précaution. Mais si les éleveurs de la Gironde devaient se conformer à cette obligation, avec les étendues considérables de marais qu'ils ont, il faudrait à chacun d'eux, non pas des centaines de chevaux, mais des milliers !

Donc, d'après cette méthode, lorsque les chevaux entrent pour la première fois dans le marais, ils fournissent aux sangsues un sang trop nourrissant, et ces mêmes chevaux, deux ou trois jours après, ne donnent plus qu'une nourriture insuffisante.

M. Busquet conseille aux éleveurs, pour conserver leurs chevaux, de nepoint les laisser jour et nuit dans le marais, exposés à toutes les intempéries, comme cela se pratiquait; mais bien de les rentrer pendant la nuit, et de ne les mettre dans le marais qu'une partie de la journée (page 67). « Le gorgement, dit-il, ne » doit pas se prolonger au-delà de quatre heures par » jour; et si après avoir resté quelque temps dans les » marais, les chevaux paraissent trop affaiblis, il faut, » sans hésiter, les retirer à l'instant même, et en aug- » menter le nombre le plus tôt possible. » Ces conseils sont, sans contredit, des conseils favorables à la santé de ces pauvres animaux; mais est-il beaucoup d'éleveurs qui suivent ces conseils? Et alors même qu'ils seraient suivis à la lettre, pense-t-on qu'un cheval livré pendant plusieurs jours, et pendant quatre heures par jour, puisse résister longtemps à un pareil régime !.. Non-seulement il est promptement épuisé par le sang que lui tirent une multitude de sangsues, mais encore par celui qui s'échappe de ses veines et qui se répand dans le marais par les nombreuses piqûres faites à ses membres! Et ce sang qui s'échappe des plaies ouvertes, est perdu en grande partie pour la nourriture des sangsues, et ne contribue pas peu à l'épuisement du cheval.

Tous les médecins sont d'accord sur ce point : que si une sangsue prend 10 grammes de sang environ, il s'en échappe au moins autant de la piqûre abandonnée à elle-même au contact de l'air (Moquin-Tandon, page 268). A plus forte raison lorsque cette piqûre reste ouverte dans l'eau, la perte du sang et bien plus considérable ; le sang étant soluble dans l'eau, il ne peut se coaguler, et la cicatrisation devient plus lente.

A l'air même, la cicatrisation des plaies du cheval est beaucoup plus lente que la cicatrisation des plaies du bœuf, ainsi qu'on l'a vu à l'étude du sang.

Quatrièment inconvénient. — La dépense que l'on fait en chevaux est excessive.

D'après M. le docteur Ch. Levieux : « dix-huit à vingt » mille chevaux sont, en moyenne, distinés chaque année « au gorgement des sangsues, dans le seul départe- » ment de la Gironde; et presque tous vieux, infirmes, » tarés, incapables d'aucun service, ils succombent bien- » tôt d'épuisement. » Le docteur Levieux, en sa qua- lité de secrétaire-général du conseil d'hygiène publique du département, est en position de connaître ce chiffre, qui nous semblait d'abord excessif, mais que des ren- seignements nouvellement recueillis sont venus con- firmer. Il est presque impossible de parcourir les rues de Bordeaux sans rencontrer tous les jours des troupeaux de quarante, cinquante et même quatre-vingts chevaux destinés aux marais avoisinants. Il semble même que ce chiffre de vingt mille chevaux est insuffisant ; car il y a dans les environs de Bordeaux plus de cent cinquante grands éleveurs, dont chacun d'eux épuise annuellement plus de cent chevaux. Il y a aussi dans tout le département un grand nombre de petits éleveurs qui épuisent en moyenne de trente à soixante chevaux. Précédemment, chaque cheval destiné aux sangsues coûtait de 15 à 30 fr. Aujourd'hui, vu le développement qu'a pris cette industrie, les chevaux valent de 80 à 100 fr. Or, il est impossible que chacun de ces animaux puisse fournir, pendant sa courte existence, un terme moyen de 200 litres de sang. Si l'on admet ce chiffre, il faut supposer qu'un cheval puisse renouveler dix fois la totalité de son sang ; car il n'a dans les veines que 20 à 22 litres de ce liquide S'il fournit 200 litres de sang, il n'y en a que 100 litres environ pour les sangsues, puisque, ainsi que nous l'avons dit, la moitié à peu près est répandue dans le marais. Par conséquent, un cheval qui ne fournit que 100 litres de sang utile, et qui coûte 80 fr., porte chaque litre à 80 c.

Ajoutez à cela la nourriture des chevaux, le nombre d'hommes qu'il faut sur une exploitation de ce genre, l'immense étendue de terrain destinée aux pacages, et vous aurez une idée de la dépense excessive qu'entraîne cette méthode.

Un éleveur à qui nous avons montré ces calculs nous a assuré que chaque litre de sang lui revenait à plus de 3 fr.

Ce chiffre nous semble exagéré ; cependant si l'on considère que plusieurs chevaux périssent dès la deuxième ou la troisième fois qu'ils entrent dans un marais, cela pourrait bien être vrai.

Les bénéfices énormes réalisés par les premiers éleveurs, bénéfices que l'on peut évaluer à 300 p. 100, ont porté un grand nombre de personnes peu fortunées à se livrer à l'élève de la sangsue. Mais celles-ci n'avaient pas prévu le prix auquel sont arrivés les chevaux, ni la location des terrains marécageux qui est devenue énorme. Et malgré le prix élevé des sangsues, plusieurs ont été obligées d'abandonner leur entreprise, faute de capitaux suffisants pour subvenir à l'achat des chevaux et aux frais de toutes sortes.

Au début de leur entreprise, alors qu'elles ont vu que quelques milliers de sangsues avaient produit douze à quinze fois leur nombre, et qu'il fallait peu de sang pour nourrir les jeunes sangsues, elles se sont cru riches; mais au fur et à mesure de la croissance de ces mêmes sangsues, alors qu'il fallait à chacune d'elles 4, 8 et même 10 grammes de sang à chaque gorgement, elles ont compris que les frais de nourriture par les chevaux étaient énormes, et les mécomptes sont arrivés. D'un autre côté, si malgré la production considérable qui a lieu, le prix élevé des sangsues a continué jusqu' à ce jour, il ne faut pas en chercher la cause dans la consommation médicale; mais bien seulement dans la création de nombreux et de nouveaux marais qui se peuplent chaque jour. Mais aussitôt que ces marais nouveaux seront en pleine production, et qu'il n'y aura plus pour absorber cette masse de sangsues que les besoins de l'homme, on les verra tomber à un prix si réduit, que leur reproduction par l'ancien système sera impossible, parce qu'elle sera ruineuse. Notre méthode seule pourra offrir alors des bénéfices raisonnables. Nous avons calculé que les sangsues obtenues par notre procédé, et vendues seulement de 5 à 8 fr. le cent, donneront encore un bénéfice de 30 p. 100, et en agriculture c'est un bénéfice inconnu.

Cinquième inconvénient. — La méthode pratiquée aujourd'hui exige une étendue trop considérable de terrain.

D'après les relevés officiels, 1,800 à 2,000 hectares de terrain ont été transformés en marais à sangsues dans le seul département de la Gironde (M. Levieux). 2,000 hectares font 20 millions de mètres carrés. En donnant à chaque sangsue, pour son logement, un demi-mètre carré (ce qui est excessif, comme nous l'avons dit), la Gironde devrait nourrir quarante millions de sangsues ! Et nous savons que jusqu'à ce jour sa production annuelle n'est que de quatre à cinq millions.

M. Bellegarde, ingénieur des ponts-et-chaussées, dans son Mémoire sur le dessèchement des marais, parle de 5,000 hectares de terrains marécageux destinés à cette industrie dans la Gironde. M. Bellegarde comprend sans doute dans ce chiffre une partie des terrains destinés au pacage des chevaux à sangsues.

Les premiers éleveurs ont affermé les marais au prix de 50 fr. l'hectare ; aujourd'hui, M. Busquet dit dans son Manuel, page 14, que l'hectare se paie jusqu'à 500 fr. ! c'est-à-dire que les nouveaux éleveurs paient dix fois autant que les premiers qui se sont enrichis dans cette industrie. Si l'hectare se paie 500 fr., chaque mètre carré de surface revient à 5 c. Que l'on réduise les chiffres que nous avons posés et que nous ne croyons pas avoir exagérés, il en ressortira toujours que le prix élevé du terrain, la cherté des chevaux et les frais d'exploitation, font déjà de cette industrie, telle qu'elle est pratiquée, une industrie qui n'enrichira plus personne.

Maintenant, nous demandons si cette étendue excessive que l'on consacre à chaque sangsue, est absolument nécessaire ? Nous ne le pensons pas, et l'estimable M. Busquet ne le pense pas non plus. « Les bénéfices, dit-il dans son ouvrage, page 48, sont bien plus proportionnés aux soins intelligents de l'éleveur qu'à l'étendue du marais. » En conséquence de ce principe, le même auteur dit, page 54 : « Le nombre de sangsues à semer » pourra varier entre 5 et 10 par mètre carré de sur- » face des bassins de nourriture. » Et comme chaque sangsue, d'après les éleveurs, produit dans la Gironde de treize à quinze filets, il résulte de ce, que M. Busquet pense que l'on peut très-bien loger dans 1 mètre carré, terme moyen, cent douze sangsues de différents âges ; c'est-à-dire que chaque individu aurait pour son logement environ 1 décimètre carré de surface. L'honorable M. Rollet pense également que l'étendue que l'on donne à Bordeaux aux sangsues est trop considérable. Dernièrement, en visitant ensemble un marais d'un grand nombre d'hectares, il nous disait : Ce marais seul, bien distribué et bien gouverné, produirait des sangsues pour toute l'Europe. Nous sommes de l'avis du savant docteur, à la condition de renoncer à l'ancien système et d'appliquer notre méthode, au moyen de laquelle nous nourrissons artificiellement les germements et les filets aussi bien que les grosses sangsues ; mais tant que l'on nourrira les sangsues avec des chevaux, une grande étendue de terrain sera indispensable, et voici pourquoi :

Dans la première période de leur existence, les germements ne peuvent prendre leur nourriture dans les veines des animaux. Il ne la trouvent que dans la matière animale ou assimilable répandue dans le marais. Il faut donc que l'étendue de ce marais soit assez considérable, autrement ils périraient d'inanition. On sait que, si les sangsues se multiplient d'une manière plus abondante dans les eaux grasses et chargées de limon de certaines rivières que dans les eaux pures, c'est parce que ces eaux contiennent un grand nombre d'animaux microscopiques, de larves, de têtards, de grenouilles, de salamandres, de petits poissons, etc., qui fournissent une nourriture suffisante aux petites sangsues. « Nous » avons vu, dit M. L. Vayson, page 88, des myriades de » petits poissons ne pas résister vingt-quatre heures aux » attaques de petits germements qui ne les abandonnent » que privés de la vie ! Et plus loin, page 63 : La nourriture qu'ils procurent est très-convenable au premier » âge des annélides ; nous sommes même disposé à » croire qu'elle leur est plus salutaire que le sang des » quadrupèdes. » Outre ces raisons, ces marais doivent avoir une grande étendue, afin que les chevaux y trouvent de quoi paître ; car le manque de nourriture joint aux pertes sanguines qu'ils subissent les ferait périr bien plus vite encore. Du reste, tant qu'on persistera à nour-

rir les sangsues au moyen des quadrupèdes, on sera
forcé d'avoir de grands espaces. En suivant l'ancienne
méthode, nous ne sommes pas de l'avis de M. Busquet,
qui ne donne que 1 mètre carré de surface pour logement
à cent douze sangsues. Si l'on adoptait cet espace, il arriverait infailliblement que pendant le gorgement, les
chevaux ne pourraient marcher dans le marais sans
écraser au moins à chaque pas quatre annélides, puisque chacun des pieds du cheval foule environ 1 décimètre
carré de surface, c'est-à-dire l'espace réservé à une
sangsue. On nous dira, peut-être, que les sangsues vivent en famille, ce qui est vrai, et qu'elles se réunissent
en grand nombre dans les coins du marais; alors l'inconvénient que nous signalons deviendrait encore plus
grand ; car, quand les chevaux arriveraient à ces endroits, ils en écraseraient des quantités considérables.
On dit encore que la sangsue gorgée s'enfonce dans la
terre et qu'elle échappe ainsi aux pieds des chevaux ;
mais tous les naturalistes savent que la sangsue qui vient
d'être gorgée, souvent outre mesure, se laisse seulement tomber au fond de l'eau, ou que si elle s'enfoncè,
cet enfoncement est d'abord peu profond. Elle reste
donc livrée sans défense aux pieds meurtriers des chevaux.

Sixième inconvénient. — Les chevaux, en broutant
l'herbe des marais, laissent les sangsues sans abri pour
elles, et surtout pour leurs cocons.

De toutes les intempéries, celle que la sangsue re-
doute le plus, c'est le vent. Le froid, la chaleur, la
pluie, n'empêchent pas la sangsue de se rendre à l'appel

dès qu'elle entend du bruit ; mais quelque beau temps qu'il fasse, s'il y a du vent, elle ne vient pas, ou vient très-rarement.

Deux lois, dont l'une tient à la physiologie même de la sangsue, et l'autre à la physique, expliquent en partie ce phénomène.

La sangsue pour vivre a besoin d'être enveloppée d'une abondante mucosité, qui lui est fournie par ses nombreuses poches mucipares.

Privée de cette mucosité par quelque cause que ce soit, elle la renouvelle ; mais dans cet acte elle se fatigue, et meurt si elle est forcée d'y revenir souvent. L'agent atmosphérique qui enlève le mieux à la sangsue cette mucosité qui lui est indispensable pour vivre, c'est, sans contredit, le vent. Donc, les chevaux en broutant l'herbe des marais, laissent les sangsues sans abri et les exposent à une chance de plus de mortalité. D'un autre côté, en dégarnissant les marais à sangsues des herbes et des plantes, on retarde et on contrarie la ponte des sangsues mères, qui ne trouvent plus d'abri protecteur pour y déposer leurs cocons. On les force à creuser la terre malgré leur instinct et leur paresse.

Septième inconvénient. — On reproche à la méthode bordelaise d'être impitoyable pour les animaux.

M. Soubeiran, dans un Rapport à la Faculté de Médecine sur la méthode de M. Borne, a stigmatisé la méthode bordelaise d'une manière peut-être un peu sévère. Il appelle cette méthode *un régime barbare ;* plus loin, il ajoute la méthode *brutale* des Bordelais. M. Busquet, pour éloigner cet anathème, dit qu'on a dû

faire à l'éminent professeur un tableau exagéré. M. Elie
Masson, de son côté, prétend que les éleveurs ont un intérêt trop direct, pour ne pas éviter l'épuisement des
chevaux destinés à l'alimentation des sangsues. Nous
ne voulons d'exagération en rien; mais nous soutenons
que l'intérêt n'est pas toujours suffisant pour empêcher
l'abus ! Combien de fois les circonstances forcent-elles
à méconnaître l'intérêt propre? Ne voit-on pas tous les
jours le malheureux cocher de fiacre ou le pauvre char-
retier, surmener, fouetter, harasser, maltraiter ses chevaux, les tuer enfin, pour obtenir une somme plus
grande de travail? Ils savent bien que leur intérêt dans
l'avenir en souffre; mais l'intérêt du moment, les besoins
de la famille sont là; ils commandent en maîtres et forcent
à être cruel. Il en est ainsi de beaucoup d'éleveurs de sangsues. Ils savent bien qu'il leur faudrait deux cents chevaux au moins pour suffire à la nourriture de leur immense marais; mais ils n'en ont que cinquante; ils ne peuvent acheter ou nourrir que ce nombre ; il faut pourtant
gorger les sangsues, afin de pouvoir les vendre, et le plus
tôt possible. La nécessité, nous le répétons, rend cruel
et empêche de pratiquer ce qu'on appelle l'intérêt. Aussi,
est-ce en présence de cet abus de la force que l'homme a
sur la brute, que la France et l'Angleterre ont cru devoir
faire une loi pour protéger la santé et la vie des animaux.

Lorsqu'une vérité est trop en relief, il est assez difficile
de l'envelopper d'une manière complète. M. Busquet,
qui s'est efforcé plus que tout autre à défendre la méthode bordelaise, tout en condamnant quelques-uns de

ces abus, dit à la page 61 de son Manuel : « A l'époque
» de la nourriture, les gardes doivent redoubler de zèle
» et d'attention, soit pour relever les chevaux qui tom-
» bent accidentellement ou par faiblesse, soit pour re-
» tirer immédiatement ceux qui leur paraissent fatigués.
» Ces divers soins les obligent nécessairement à par-
» courir sans cesse le bassin dans tous les sens. On con-
» çoit combien leur marche est lente à travers l'eau et
» les plantes, sur un fonds tourbeux et ramolli, dans
» lequel ils s'enfoncent à chaque pas. Quelquefois même
» ils ne parviennent à l'animal qu'après l'asphyxie. »

Nous nous sommes un peu étendu dans la critique
de la méthode bordelaise ; et, cependant, nous n'avons
dit que quelques mots sur les inconvénients du gorgement excessif et du dessèchement annuel, parce nous
avons consacré un chapitre pour chacun de ces points
importants.

Ne voulant pas être taxé d'exagération, nous terminerons ce chapitre par les paroles du docteur Ch. Levieux, secrétaire-général du conseil d'hygiène et de
salubrité publiques du département de la Gironde : « Si
» quelqu'un révoquait en doute les faits que nous avan-
» çons, nous nous bornerions à répondre : Faites comme
» nous ! Allez, et vous verrez ! »

Méthode dite au Chausson ou au Pantalon.

Ce n'est que depuis peu que l'on pratique dans certains marais cette méthode. Nous regrettons d'ignorer

le nom de celui à qui l'on doit ce perfectionnement ; il mériterait d'être honorablement cité pour cette amélioration.

Voici en quoi consiste cette méthode : On a un sac en toile de 40 à 50 centimètres de longueur, sur 13 à 20 de largeur, ouvert aux deux bouts. Après l'avoir mouillé, on introduit l'une des jambes du cheval dans ce sac ; on attache ce pantalon tout près du pied avec une corde, et l'on met dans ce sac cent à six cents sangsues, selon leur taille ; après quoi, le haut du sac est attaché à la hauteur du jarret. Quand les sangsues se sont gorgées, on les sort, on les lave à l'eau un peu tiède, et on les remet dans le marais.

Nous croyons cette méthode infiniment supérieure à la méthode bordelaise, attendu qu'elle évite l'introduction des chevaux dans le marais, et que, par ce moyen, les chevaux ne peuvent avec leurs pieds écraser les sangsues qui se gorgent. M. Busquet dit qu'on ne doit la pratiquer que « dans des cas exceptionnels, et » lorsqu'il devient impossible de gorger par les moyens » ordinaires. » Nous ne sommes pas de cet avis ; cependant, nous avouerons avec lui que cette méthode a des inconvénients, et notamment ceux-ci : 1° La peine de pêcher les sangsues, de les mettre d'abord dans le sac du pêcheur, puis dans le chausson ; de les sortir du pantalon, de les laver à l'eau tiède et de les remettre au marais ; 2° de priver les sangsues de leur liberté, de les sortir de leur élément, de les entasser dans un espace étroit, de les forcer à se gorger quand même; 3° de leur procurer, par ce moyen, un gorgement trop complet, trop substantiel ; 4° enfin, d'obtenir que le cheval reste tranquille, ce qui est assez difficile pour peu qu'il soit vigoureux.

Méthode Faver.

M. Faver, inventeur de cette méthode, remporta, en 1843, un prix qui lui fut accordé par la Société d'encouragement.

Depuis peu, M. Harro l'a reproduite presqu'en entier. Nous réunissons donc ces deux noms à cause de l'analogie des deux méthodes.

On prend du sang caillé, on le place dans des planches concaves flottantes ; on arrose le bord de ces planches de sang liquide, afin d'allécher les sangsues. Un individu, placé entre deux de ces planches, agite l'eau. Les sangsues se présentent, montent sur les planches, se fixent sur les caillots et sucent le sang. Le même individu, armé d'une pochette en canevas, amène sur les planches les sangsues paresseuses, enlève celles qui sont gorgées et les dépose à part. C'est ainsi qu'on leur donne nous ne savons combien de repas par an.

Cette méthode est encore, selon nous, préférable à celle de l'introduction des chevaux dans le marais. Nous avons dit pourquoi. Elle a cet avantage, qu'elle exige moins d'espace, que les sangsues peuvent être mieux soignées, mieux surveillées. Elle est beaucoup plus économique, et l'on n'a pas à craindre la mortalité occasionnée par le piétinement des chevaux. Elle a cepen-

dant de graves inconvénients : 1° Les sangsues se gorgent excessivement d'un aliment trop substantiel, et
dont la digestion est difficile ; 2° cet excès d'une nourriture nullement appropriée à leur estomac, les jette
dans un engourdissement prolongé et nuit à leur ponte ;
3° elles prennent le sang avec une partie de sa fibrine,
et ce corps ne se dissout que très-difficilement dans
leur estomac ; elles peuvent donc périr par indigestion ;
4° on oblige les sangsues non affamées ou malades à
prendre de la nourriture quand elles n'en ont pas besoin ; 5° les petits filets peuvent difficilement se gorger
par cette méthode ; 6° enfin, on ne peut donner par ce
moyen aux sangsues que du sang froid ; et dans les
journées un peu fraîches, elles ne doivent pas se gorger.
D'un autre côté, elles sont exposées à l'action de l'air
et aux ardeurs du soleil, car elles doivent monter sur
les planches pour se nourrir.

Méthode de M. Borne.

Dans cette méthode, il faut pêcher les sangsues à
chaque repas et les porter à la boucherie. Là, on reçoit
dans des vases le sang tout chaud ; on le bat pour en
enlever la fibrine ; « puis on y plonge les sangsues, que
» l'on a eu le soin de mettre dans des petits sacs de fla-
» nelle. On les y laisse pendant plus ou moins de temps,
» suivant leur âge ou leur état de santé. On les retire,
» on les lave avec de l'eau tiède, et on les remet au
» marais. Parfois, M. Borne transporte le sang au ma-

» rais; il sépare la fibrine par le battage, et il enve-
» loppe les vases qui le contiennent pour empêcher le
» refroidissement. »

Les grosses sangsues sont gorgées en automne, et
non au printemps. Les petits filets prennent trois repas
par an. C'est ainsi, qu'en deux ans, ils arrivent à peser
1 gramme et demi à 2 grammes. M. Borne fait
prendre aux jeunes sangsues du sang de veau, qu'il dit
être moins substantiel que celui de bœuf.

Cette méthode a des avantages ; elle a aussi des inconvénients. Ses avantages sont : la fibrine enlevée
du sang ; le gorgement que l'on peut arrêter quand on
le veut , en sortant les sacs du sang dans lequel ils bai-
gnent. Ses inconvénients sont : une nourriture trop substantielle ; ce qui oblige M. Borne à ne donner qu'un
seul repas par année aux grosses sangsues ; c'est trop
peu. Les soins et la peine qu'il faut pour pêcher les
sangsues, les mettre dans des sacs, les porter à la boucherie, les laver et les rapporter au marais. Le triage
qu'il faut faire pour celles qui doivent prendre deux
ou trois repas par an, et pour celles qui n'en prennent
qu'un seul.

M. Borne donne le sang chaud ou tiède à ses sangsues; c'est, sans doute, parce qu'il a remarqué que les
petites ne piquent pas au sang froid. S'il était muni d'un
de nos appareils, il verrait qu'elles prennent, comme
les grosses, au sang froid, à moins qu'il n'y ait du vent,
ou que la température ne soit trop fraîche.

M. Borne ne dit pas par quel moyen il nourrit les filets
et les germements; c'est là l'échec de toutes ces méthodes.

Cependant, il faut reconnaître que, de tous les éleveurs qui ont voulu jusqu'ici se passer de chevaux, M. Borne est l'un de ceux qui ont apporté le plus d'intelligence et de soins dans la culture des sangsues.

Un grand perfectionnement encore dans la méthode de M. Borne, ce sont ses galeries artificielles pour favoriser et conserver la ponte. Sous ce point de vue, il est parfaitement d'accord avec notre système.

Seulement, à fin que l'on sache bien que nous n'avons pas emprunté à M. Borne l'idée des galeries artificielles, nous rappellerons qu'elles sont décrites dans notre brevet de 1852, et, qu'à cette époque, M. Borne, que nous sachions, n'avait rien publié à cet égard.

Méthode du docteur Rollet, de Bordeaux.

M. Rollet ne s'est point fait éleveur de sangsues ; il est avant tout agriculteur. Les éleveurs de la Gironde considèrent les chevaux comme des machines à fabriquer du sang. M. Rollet, lui, n'a des sangsues que pour avoir beaucoup de vaches, du lait et du fumier. Le revenu des sangsues lui procure des bestiaux ; ses bestiaux nourrissent ses sangsues, sans le priver de leurs autres produits. Voilà de l'agriculture bien entendue ! Mais là ne se borne pas le savoir faire du docteur Rollet. Il a établi ses bassins à sangsues de telle sorte, qu'il a assaini un ancien marais qui existait dans sa propriété, et là, où l'on ne voyait naguère qu'une eau stagnante et malsaine, on voit aujourd'hui de char-

mants bassins, ornés d'îlots, d'arbres, de fleurs, de ga-
zons, et dans lesquels coule lentement une eau pure et
limpide. On dirait de charmants et pittoresques étangs
peuplés de poissons plutôt que d'annélides.

M. Rollet, après avoir logé fort agréablement ses
sangsues, les nourrit confortablement au moyen de ses
vaches laitières, qui, étant nombreuses, bien nourries et
mises aux bassins à de longs intervalles, et pas trop longtemps, n'ont rien à redouter du sang qu'elles donnent
de temps à autre. L'introduction des vaches dans les
bassins de M. Rollet ne présente pas les inconvénients
de l'introduction des chevaux dans les marais de la Gironde. D'abord, il perd beaucoup moins de sang, parce
que la cicatrisation des plaies se fait plus vite chez les
vaches que chez les chevaux, ainsi qu'on l'a vu à l'article
coagulation du sang. Ensuite, M. Rollet ayant garni le
fond de ses bassins de sable et de cailloux, et y ayant
établi des crèches auxquelles les vaches sont attachées
et nourries, pendant que les sangsues, de leur côté,
prennent leur repas, il n'y a pas à craindre le défoncement du marais, ni la destruction des sangsues par
le piétinement des animaux.

L'herbe qui croît aux bords des bassins, si utile à la
reproduction des sangsues, n'est pas broutée ; le niveau
de l'eau est constamment le même. Aussi, M. Rollet,
dans un très-petit espace, obtient-il des résultats ma-
gnifiques.

Nous n'avons qu'un seul reproche à faire à cette méthode, si supérieure, du reste, à toutes les autres, c'est
la nourriture trop substantielle donnée aux sangsues.

M. Rollet s'en est aperçu, et il travaille en ce moment à faire des essais comparatifs. Il ne tardera pas à avoir des preuves en faveur de la théorie que nous professons.

M. Rollet est en parfait accord avec nous sur les points suivants : 1° L'importance de la somme des bords ; 2° la préférence que les sangsues accordent aux herbes mortes et mouillées, pour y déposer leurs cocons (l'herbe tombant des crèches lui a fait faire cette remarque) ; 3° l'inconvénient d'un gorgement trop substantiel, surtout au printemps, parce qu'il retarde les pontes ; 4° le niveau constant des eaux.

Méthode Gonzalez.

ÉTABLISSEMENT DES MARAIS A SANGSUES D'APRÈS CETTE MÉTHODE.

Lorsqu'on a à sa disposition un terrain et de l'eau dans les conditions que nous avons indiquées, on peut procéder à l'établissement des bassins. Mais, d'abord, il faut se bien fixer sur la quantité approximative de sangsues que l'on peut élever, suivant l'étendue du terrain, suivant les capitaux que l'on veut y consacrer, les soins que l'on peut y apporter, et surtout, suivant la quantité de sang frais que la localité et les environs peuvent fournir. Une fois ces points arrêtés, on procède d'après le tableau suivant :

Un carré de 10^m de long^r sur 10^m de larg^r pour 10,000 sangsues.

»	14	»	14	»	20,000	»
»	17 1/2	»	17 1/2	»	30,000	»
»	20	»	20	»	40,000	»
»	22 1/2	»	22 1/2	»	50,000	»
»	24 1/2	»	22 1/2	»	60,000	»
»	26 1/2	»	26 1/2	»	70,000	»
»	28 1/2	»	28 1/2	»	80,000	»
»	30	»	30	»	90,000	»
»	33	»	33	»	100,000	»
»	38	»	38	»	140,000	»
»	45	»	45	»	200,000	»
»	50	»	50	»	250,000	»

Il est préférable d'établir plusieurs petits bassins de
10 mètres sur 10 mètres, par exemple, que d'en établir un ou deux seulement d'une grande étendue. Les
soins et la surveillance en sont infiniment plus faciles.
Les bassins de 50 sur 50 sont les plus grands; c'est une
dimension que nous conseillons de ne jamais dépasser.
Quatre de ces bassins équivalent à 1 hectare, et suffisent pour un million de sangsues ou pour un plus grand
nombre si c'étaient des filets.

Si l'on a un terrain plus long que large, on peut, sans
inconvénient, donner cette forme aux bassins. Pour se
rendre compte de la contenance de ce terrain, on mul-
tiplie la longueur moyenne par la largeur moyenne ;
on ajoute deux zéros au produit, et le chiffre total sera
le nombre de sangsues qui pourra être élevé dans cet
espace.

Nous allons décrire, dans tous ses détails, l'opération
de l'établissement d'un marais composé de neuf bas-

sins, ayant chacun une dimension de 10 mètres de longueur sur 10 mètres de largeur. Il faut pour renfermer ces neuf bassins, le cordon d'enceinte et le fossé de ceinture, un carré de 38 mètres sur 38. Ces neuf bassins suffisent grandement pour une production de cent quarante à cent cinquante mille sangsues. Après avoir tracé le carré principal, le côté N sera le nord ; le côté S, le sud ou midi. (Voyez la planche.) On établit le fossé d'enceinte en lui donnant 40 à 50 centimètres de profondeur sur 1 mètre de largeur (a, a, a, a); puis le cordon d'enceinte, qui doit avoir 1 mètre et demi de largeur à sa base et légèrement coupé en talus (b, b', b'', b'''). A 10 mètres du cordon b, on marque parallèlement le cordon c; à 10 mètres de celui-ci, on marque le cordon d. On suit la même marche pour tracer les cordons e, f, et le marais se trouve divisé en neuf compartiments égaux, ou bassins. Maintenant, il s'agit de creuser les ruisseaux qui doivent serpenter d'une manière régulière et uniforme. Voici comment on s'y prend : On trace une ligne droite, g, h, à 1 demi-mètre de distance du cordon b; puis un autre i-j à demi-mètre de g, h. On creuse tout l'espace g, h, i-j, et l'on a une première rigole en ligne droite de 50 centimètres de largeur. Le gazon que l'on a sorti de cette rigole doit être placé provisoirement sur la ligne l, m. La terre que l'on sort après doit servir pour commencer à relever les cordons qui entourent le bassin auquel on travaille. Après la première rigole en droite ligne finie, on en creuse une autre de la même dimension, à 1 mètre et demi du bord i-j de la première rigole, et ainsi de suite jusqu'à ce que l'on ait cinq rigoles en droite ligne, qui auront chacune demi-mètre de largeur, et entr'elles un terre-plein de 1 mètre et demi. C'est dans ce terre-plein que l'on doit découper les sinuosités du ruisseau ; et voici comment : On prend une planche mince de 2 mètres de longueur et de 50 centimètres de largeur ; on la découpe à peu près comme la figure B. (Tous les chiffres de cette figure représentent des centimètres.) On l'applique sur le terre-plein, au bord g, h, et on en marque les sinuosités O. On marque de la même manière les sinuosités p, p', p'', p. Après cela on renverse la planche ; on la place sur le bord i–j, et l'on trace encore les contours q, q, q, q, q, vis-à-vis les premiers faits. On creuse, on enlève la terre, et l'on a un premier ruisseau ondulé. On en fait autant pour les quatre ruisseaux restant ; on les met en communication en ouvrant les points r, r, r, et le premier bassin est établi.

Les autres se font de la même manière. Du haut des ruisseaux jusqu'au fond, la coupe de la terre doit être un peu en talus, ainsi que nous l'avons dit pour le fossé d'enceinte. Les bords doivent être garnis du gazon qui provient des rigoles.

Si le terrain n'avait pas d'herbes abondantes, et autant que possible des graminées, des joncs (*acorus calamus*) ou du gazon formé d'ivraie vivace *(lolium perenne)*, il faudrait en semer, pour les motifs que nous donnons à l'article ponte ; on trouvera à ce même article la description des galeries artificielles.

Sur les neuf bassins qui doivent être établis pour une exploitation de cent trente à cent cinquante mille sangsues de production annuelle, il suffit d'en préparer un seul avant le mois de juillet pour y placer les sept à dix mille sangsues vaches. Deux autres bassins devront être terminés en octobre de la même année, et les six autres au printemps suivant. Avant de placer les sangsues mères dans le premier bassin, on devra prendre les précautions que nous avons indiquées à l'article parcage, afin d'éviter l'émigration.

Dès qu'un bassin est préparé, on doit y introduire l'eau et la renouveler plusieurs fois, afin que cette eau entraîne les parties solubles du sol qui pourraient nuire aux sangsues.

Un bassin créé d'après notre méthode offre un aspect agréable et pittoresque. Il le conserve même indéfiniment si les plantes qui y croissent ne sont que des graminées, ou l'ivraie vivace. Lorsque beaucoup d'autres plantes s'en emparent, il faut de temps à autre en débarrasser le fond des ruisseaux pour que le soleil puisse y pénétrer. L'établissement des neuf bassins, du fossé de ceinture et du cordon d'enceinte, revient à 60 ou 80 fr., selon la nature du terrain.

AVANTAGES DE CE MARAIS.

Salubrité. Tout le monde sait que la végétation assainit l'eau, parce qu'elle s'empare et s'assimile plusieurs substances qui la corrompraient sans cela. Mais on sait aussi que malgré une végétation abondante, l'eau qui ne se renouvelle pas, qui est en repos, devient dangereuse à la santé de l'homme.

Aussi chacun de nous craint-il d'avoir tout près de

son habitation, un fossé, une mare, une flaque d'eau stagnante; tandis que l'on n'a aucune appréhension d'un ruisseau qui serpente sous vos fenêtres, d'une rivière qui coule, d'un fleuve qui porte ses eaux à la mer. Sous le rapport de la salubrité, notre système de bassins est irréprochable; car avoir dans cette eau qui s'écoule lentement, des poissons ou des sangsues, c'est absolument la même chose. Le repos corrompt les eaux, le moindre mouvement les rend pures. Hé! que l'on ne croie pas que les sangsues soient indifférentes à la pureté des eaux. D'après les naturalistes, leur épiderme est très-sensible, l'eau croupissante ou corrompue ne peut donc leur convenir.

Notre ruisseau est creusé de telle sorte, que, si par hasard le courant est fort, ce courant n'influence que le *centre* de la rigole qui est en ligne droite, dans une largeur de 1 demi-mètre; les sinuosités nombreuses du ruisseau ne se ressentent presque pas du mouvement de l'eau, et restent, par conséquent, en repos. Si le courant, au contraire, est lent, il influence toute la nappe et se répand doucement dans les recoins les plus sinueux, par la forme parabolique des bords.

Agrément. Nous avons dit que les ruisseaux de nos bassins doivent être tracés dans la direction du nord au sud. Cette direction est la plus salutaire et la plus agréable aux sangsues, attendu que la moitié de chaque ruisseau est baignée par le soleil, et l'autre, par l'ombre; de telle sorte, que les sangsues sans parcourir de grands espaces, sans se fatiguer, trouvent tous les degrés de température qu'elles désirent, et cela sans s'éloigner de leurs cocons ni de leurs compagnes.

Abritage. Dès que le vent souffle, les grosses sangsues surtout se cachent ; à peine si l'on voit apparaître quelques filets affamés, et encore se tiennent-ils dans les endroits les plus abrités. C'est cette observation qui nous a fait adopter la forme de nos bassins, sur la surface desquels le vent n'a point de prise, et qui offrent aux sangsues une masse de bords, de recoins, de sinuosités pour les mettre à l'abri.

Logement. Avec un espace infiniment plus petit que dans l'ancien système, nous avons des logements bien plus nombreux, plus commodes et mieux appropriés aux besoins des sangsues, attendu que la surface d'un marais ne compte pour rien, et que la somme des bords est tout. Posons des chiffres, et prenons pour points de comparaison deux marais de 38 mètres sur 38 mètres. Un marais de 38 sur 38, par l'ancien système, n'offre que 132 mètres de bords intérieurs pour le logement des sangsues. D'après notre méthode, un marais d'égale étendue, 38 sur 38, offre pour asile aux sangsues plus de 900 mètres de bords intérieurs ; c'est-à-dire 768 mètres de plus.

Quelques éleveurs de la Gironde commencent à comprendre que l'étendue de l'eau est moins importante que la multiplicité des bords, et, à cet effet, depuis un an environ, ils ont élevé dans leurs immenses marais des bords et fait des îlots. Mais ces bords ont le désavantage d'être en droite ligne et trop éloignés les uns des autres. Ils laissent les sangsues sans un abri suffisant.

Nous tenons à constater que cette idée de multiplier les bords est spécifiée dans le brevet que nous avons pris en 1852, afin d'en revendiquer au besoin la priorité et de faire valoir nos droits si besoin est.

GÉNÉRALITÉS SUR LA NOURRITURE ARTIFICIELLE DE NOTRE MÉTHODE.

Avant nous, l'on a eu l'idée de nourrir les sangsues avec du sang de boucherie. Sous ce rapport, nous n'avons rien inventé. Mais les divers moyens que l'on a essayés ont été promptement abandonnés, parce que l'on a reconnu qu'ils étaient impraticables. On a mis les sangsues dans le sang ; on a mis le sang dans le marais ; on l'a renfermé dans des vessies, et l'on n'a pu l'empêcher de se répandre presque entièrement dans l'eau. Hé ! pourtant, celui qui a essayé la vessie pour la première fois, n'avait plus qu'un pas à faire pour réussir ; mais il ne l'a pas fait. C'est nous qui devions le faire. Voici l'histoire de notre découverte, qui ressemble fort à l'œuf de Christophe Colomb, et à l'égard de laquelle chacun dira : Ce n'est que cela ? Sans doute, ce n'est que cela ; mais il fallait le trouver.

Dans nos premiers essais, nous avons rempli de sang un intestin et l'avons donné aux sangsues. Quelques-unes s'y sont accrochées instantanément, d'autres plus tard, beaucoup n'ont pas bougé de place. Les premières rassasiées se sont détachées de l'intestin, et, par les ouvertures qu'elles y avaient faites, le sang s'est écoulé dans le marais, sans qu'il en restât une goutte pour les sangsues qui venaient de s'y fixer. Ce déboire nous découragea pendant quelque temps ; puis l'idée nous vint de diviser l'intestin en plusieurs petits boudins. Par ce moyen, le sang des boudins non attaqués sera conservé, disions-nous. Nous n'avions alors, au début de nos expériences, qu'une seule ambition, ne pas perdre de sang et ne point salir l'eau. Nous n'avions pas fait encore d'études sur les mœurs des sangsues, et ne connaissions pas les funestes effets du gorgement illimité et trop substantiel. Nous fîmes donc des petits boudins ; c'était déjà un perfectionnement ; mais il serait trop long de raconter ici combien cette subdivision des intestins en boudins a exercé notre patience. L'intestin crevait à chaque instant, le fil le sciait ; il nous fallait recommencer. Impatienté de tant de peines inutiles, nous nous imaginâmes un jour de prendre un bâton, d'appliquer à sa surface, parallèlement à son axe, un intestin rempli de sang, et d'entourer le bâton et l'intestin avec un fil en hélice. De cette manière, nous obtînmes très-facilement, et en peu de temps, plusieurs petits boudins. Dès-lors, la réussite fut assurée. Mais cette méthode de faire des boudins, excellente pour les essais, n'était pas applicable à l'industrie en grand. Nous avons tourné et retourné cette idée dans tous les sens et tant de fois, que, sans abandonner le principe de la division du sang, nous avons fini par faire un appareil complet.

Nous le décrirons tout à l'heure, après avoir expliqué la préparation des intestins et celle du sang.

PRÉPARATION DES INTESTINS.

Nous donnons la préférence aux intestins grêles, parce

qu'ils se prêtent plus facilement à faire des portions de 2 à 3 grammes. Les femmes qui nétoient ces intestins pour les charcutiers, s'attachent à les dépouiller de toute la graisse, de tout le suif qu'ils peuvent contenir, et il arrive souvent qu'elles font avec leurs ongles, ou avec le couteau, des écorchures ou des trous, ce qui les rend impropres à l'usage de notre méthode. On doit se borner à les bien nétoyer, et à ne sortir que les parties les plus grossières du suif. Celui qui y reste adhérent, au lieu de rebuter les sangsues, les attire ; car nous avons remarqué qu'elles s'attachent souvent aux bottes des pêcheurs, lesquelles sont préparées au suif pour les rendre imperméables. La longueur des intestins de mouton est de 25 à 30 mètres. Il convient de les diviser en morceaux de 6 mètres, afin de les manier plus facilement.

On peut, pendant l'hiver, faire sa provision d'intestins pour toute l'année. Nous indiquerons aux éleveurs qui se serviront de notre appareil, le moyen de les conserver indéfiniment et dans un très-petit espace. Ces intestins, ainsi préparés, valent autant que ceux qui sortent de la boucherie.

Il est bon de prévenir les personnes qui emploieront notre méthode, d'un effet qui pourrait les alarmer quelque peu, et qui, cependant, est sans conséquence. Lorsqu'on met le sang dans un intestin, si cet intestin est très-mince, ou s'il a été lavé avec une eau extrêmement pure qui dissout une partie de la gélatine, il s'opère une légère filtration à travers les pores du boyau ; quelquefois même quelques gouttes s'en échappent, et l'on pourrait croire que cet intestin est inutile. Il n'en est rien. Au bout d'une minute, le sang s'arrête de lui-même; et si cet effet n'avait pas lieu, il s'arrêterait infailliblement aussitôt que l'appareil serait mis dans l'eau, par suite du phénomène appelé *endosmose*.

PRÉPARATION DU SANG.

Il est absolument indifférent de donner aux sangsues du sang de bœuf, de veau, de cochon, de mouton ou d'agneau. On doit recevoir ce sang à la boucherie dans un vase *très-propre*, à large ouverture, afin d'en faciliter l'évaporation. Lorsqu'il aura perdu une grande partie de sa chaleur naturelle, et qu'il sera coagulé, on le trasportera dans des vases quelconques, toujours propres. On peut le garder de huit à vingt-quatre heures, selon la température. Si le temps est chaud et humide, il se gâte promptement. Il faut, dans ce cas, l'employer au plus tôt. Si le temps est sec et frais, on peut attendre. Les grosses sangsues prennent le sang alors qu'il n'est pas frais; mais il ne leur est pas favorable. Les petite sangsues et les filets sont bien plus délicats, ils refusent le sang qui est altéré. On connaît que le sang est frais quand celui de bœuf a l'odeur de l'étable, et celui de mouton l'odeur de la laine brute (*suint*).

Au moment de se servir du sang, *et pas avant*, on y ajoute un tiers de son poids d'eau. On le malaxe, ou on la bat; on le passe au travers d'un tamis en crin, et l'on jette la fibrine qui est restée dans le tamis.

Les bouchers de certaines localités prétendent savoir

préparer le sang pour les sangsues; ils en enlèvent tout de suite la fibrine, et y ajoutent souvent de l'eau pour le rendre plus liquide. Il vaut beaucoup mieux ne pas leur laisser ce soin, et ne sortir la fibrine et faire l'addition de l'eau qu'au moment d'employer le sang; attendu que le sang additionné d'eau et dégagé de sa fibrine se corrompt bien plus vite.

Maintenant que nous avons donné le moyen de préparer le sang, nous devons faire connaître les raisons qui nous font en extraire la fibrine et l'additionner d'un tiers d'eau.

De tous les matériaux immédiats du sang, celui que l'on peut regarder comme le moins utile, même pour la circulation et pour la vie de l'animal, est la fibrine.

Les médecins ont essayé une opération extrèmement délicate, la *transfusion*. Cette opération consiste à remplacer chez une personne saignée à l'excès, le sang qu'elle a perdu, par celui pris dans les veines d'une ou de plusieurs personnes.

D'après Dumas et Prévost, on a réussi dans cette opération en injectant du sang froid, conservé liquide plusieurs heures *par l'enlèvement de la fibrine*. Rappelons, ainsi que nous l'avons dit à l'étude du sang, que la fibrine n'en est que la quatre centième partie, et que sa composition, d'après les chimistes, est la même que celle de l'albumine, et que celle de l'enveloppe des globules du cruor. Par conséquent, même en théorie, on peut démontrer que l'enlèvement de la fibrine ne peut nuire en rien aux qualités alimentaires du sang.

Ce raisonnement à *priori* est confirmé par l'expé-

rience. Plusieurs praticiens ont remarqué que les sangsues qui meurent à la suite d'un gorgement excessif,
ont dans leur estomac des corps durs, composés de fibrine
coagulée. Nous avons dit que cette substance est insoluble dans l'eau. Si elle ne l'est pas totalement dans
l'estomac des sangsues, elle est, tout au moins,
d'une digestion très-difficile, surtout pour un animal à
sang froid. Rappelons enfin que le sang de la sangsue
est sans fibrine, et appliquons la judicieuse remarque
de Liebig, qui dit que l'indice le plus sûr pour connaître l'engrais d'une plante, est la composition même de
sa cendre.

Cette loi, la plus féconde dont la chimie moderne ait
doté l'agriculture contemporaine, devrait être appliquée
également à la zoologie.

La raison qui nous fait mêler au sang un tiers de son
poids d'eau, est : 1° pour le ramener aux conditions
du sang des animaux à sang froid, dont se nourrissent
habituellement les sangsues; 2° pour qu'il soit d'une
digestion plus facile et plus rapide ; 3° enfin, pour que,
si par hasard une sangsue venait à prendre plus de
3 grammes de nourriture, elle ne pût s'en trouver indis-
posée ; car, sur 3 grammes de sang, il n'y en a véritablement, grâce à ce mélange, que 2 grammes ; l'eau
qui y est mêlée étant promptement expulsée par les
pores de l'animal.

APPAREIL-NOURRISSEUR.

Notre appareil-nourrisseur se compose de deux boîtes en zinc réunies par une charnière ; de telle sorte qu'il s'ouvre et qu'il se ferme comme un livre. Ces boîtes sont pour recevoir de l'eau chaude ou bouillante, afin de donner au sang une chaleur convenable, selon la température de l'atmosphère.

Nous avons cet appareil dans diverses dimensions ; mais la plus ordinaire est, une fois l'instrument ouvert, de 48 centimètres de longueur sur 30 centimètres de largeur.

Il y a, tout au tour de cet appareil, des crochets pour recevoir et maintenir les intestins pleins de sang. De plus, un châssis garni de cordes armées de caoutchouc, recouvre tout l'appareil.

Une fois ce châssis fixé aux deux extrémités, on obtient de toutes ces cordes, en fermant l'appareil, une tension régulière et uniforme, qui vient subdiviser en huit ou neuf cents rations, et même plus si le besoin est, le sang renfermé dans l'intestin.

Cet appareil est d'une grande simplicité, d'un très-petit volume et d'un maniement facile.

Un de ces appareils suffit pour une petite exploitation, mais pour peu qu'elle soit importante, il faut deux appareils-nourrisseurs et un appareil-*appeleur*. (Nous décrivons plus loin ce second appareil.) Avec ces trois appareils, un homme seul peut nourrir par jour trente-deux mille sangsues de différents âges. Pendant qu'elles épuisent le premier appareil, attirées par l'appareil-appeleur, on s'occupe de garnir le second, et ainsi de suite.

APPAREIL-APPELEUR.

Notre appareil-appeleur est également d'une très-petite dimension. C'est une boîte, montée sur un pied, munie d'un corps de ressorts. Il se monte au moyen d'une clef, à peu près comme les petits tourne-broches modernes. Dès qu'on écarte la détente, il frappe l'eau régulièrement.

MANIÈRE D'OPÉRER.

Avant que de disposer les appareils, il faut vérifier l'appétit des sangsues, et s'assurer si le nombre de celles qui sont affamées est assez considérable.

A cet effet, il suffit de frapper l'eau avec un bâton ; et si le nombre qui se rend n'est pas suffisant pour couvrir en entier l'appareil, on ne doit, dans ce cas, n'en garnir qu'un seul côté, afin de ne pas perdre du sang et des intestins.

Voici comment on s'y prend pour garnir l'appareil : Une fois les intestins et le sang préparés comme nous l'avons dit, vous prenez une longueur de 6 mètres de boyau mouillé; vous liez l'un des bouts, vous en faites sortir tout l'air qu'il peut contenir; vous appliquez à l'autre bout un petit entonnoir, et vous le remplissez *aux trois quarts seulement* de sang préparé. Alors, vous attachez l'un des bouts de cet intestin au premier crochet à gauche de l'appareil-nourrisseur que vous avez ouvert et placé devant vous, et vous allez successivement d'un crochet à l'autre, comme le lacet d'une suissesse va d'un œillet à l'autre de son corset. Quand cela est fait, le dessus de votre appareil est couvert d'intestins à peu près pleins de sang. Alors vous prenez le châssis garni de ses cordes et de ses ressorts en caoutchouc, vous l'étendez sur votre appareil-nourrisseur, en le fixant à chacune des extrémités; vous fermez l'appareil comme si vous vouliez fermer un volume. Vous sentez un peu de résistance; car pour se fermer, cet appareil produit l'effet du levier. C'est alors que toutes ces cordes obéissent en s'allongeant, et produisent une tension régulière et uniforme, au moyen de laquelle les intestins sont divisés en un grand nombre de rations de 2 à 3 grammes.

L'appareil est maintenant monté, et en beaucoup moins de temps qu'il n'en a fallu pour l'expliquer. On n'a plus qu'à le porter au marais. Il se maintiendra à fleur d'eau, c'est-à-dire qu'il n'ira pas au fond et qu'il ne sera pas flottant (chose plus importante que l'on ne croit). On agite l'eau, ou l'on fait fonctionner l'appareil-appeleur, et dans un instant l'appareil-nourrisseur est littéralement couvert de sangsues.

Quand on aura vu fonctionner une seule fois cet appareil, on en saura autant que l'inventeur lui-même, et on en comprendra tout l'avantage au point de vue de l'économie et de la salubrité.

Nous avons reconnu que lorsque le temps est chaud et sans vent, on peut se dispenser d'échauffer l'appareil ; mais que cela est indispensable pendant les journées un peu fraîches ou froides. C'est alors qu'il faut mettre de l'eau chaude dans les deux boîtes en zinc. Pourvu que l'appareil ait un ou deux degrés de chaleur de plus que l'eau du bassin, cela suffit pour attirer les sangsues. Souvent cette légère différence de température n'est pas appréciable à la main, et cependant les sangsues y sont sensibles. — On remarquera que les grosses et les moyennes sont celles qui se fixent à l'appareil sans hésitation ; tandis que les petites y viennent plusieurs fois avant que de s'y accrocher. Les filets ne prennent pas toujours, et cependant il est extrêmement important de les nourrir, sans quoi ils périraient ou ne profiteraient pas. Le hasard nous a fait découvrir une certaine manière de disposer l'appareil pour atteindre ce but. Aujourd'hui nous pouvons dire qu'il n'y a plus de difficulté pour nourrir les filets, même les germements.

Ces moyens sont expliqués dans l'instruction pratique qui accompagne la vente des appareils.

A la fin de chaque journée de gorgement, il faut avoir le soin de laver à l'eau chaude les appareils dont on s'est servi ; sans cette précaution, on courrait les risques de voir les sangsues s'en éloigner au gorgement suivant. Nous devons aussi recommander de ne point soulever l'appareil hors de l'eau pendant que les

sangsues se gorgent ; car il arriverait que plusieurs filets
à moitié gorgés s'en détacheraient, et qu'un peu de sang
se répandrait dans le bassin.

Après avoir trouvé le moyen de réduire le sang de
boucherie aux conditions du sang des animaux à sang
froid ; après avoir résolu la division du sang par portion suffisante à chaque repas, il nous restait encore une
grave préoccupation. Nous nous disions : à quoi nous
servira d'avoir trouvé le moyen de doser la quantité de
nourriture que doit prendre chaque sangsue, si, après
avoir épuisé une portion, elle va en épuiser une seconde, une troisième, etc. Heureusement pour nous,
la nature s'est chargée de lever cette difficulté que nous
ne serions jamais parvenu à vaincre. Il est *prouvé*, il
est *notoire* aujourd'hui, que la sangsue qui attaque une
proie, ne l'abandonne que lorsqu'elle est complètement
rassasiée, ou lorsque la source alimentaire se tarit ; mais
il est aussi *prouvé*, il est aussi *notoire*, que la sangsue
qui a pris 2 ou 3 grammes de nourriture, et qui se
détache de sa proie faute d'y trouver une plus grande
abondance, ne pique plus de nouveau une proie nouvelle que lorsqu'elle a avancé sa digestion. Nous n'avons
donc plus à craindre qu'une sangsue qui se détache de
notre appareil, vienne de quelques jours l'attaquer de
nouveau. Voilà aussi pourquoi toutes les sangsues que
l'on applique à un malade ne piquent pas. Celles qui ont
dans l'estomac une certaine quantité de nourriture, refusent de prendre. Aussi tous les praticiens conseillent-
ils de ne pas perdre son temps à réappliquer une sangsue détachée du malade.

QUANTITÉ DE SANG ET D'INTESTIN.

Nous avons calculé qu'il fallait, d'après notre méthode, environ 20 grammes de sang et de 10 à 15 centimètres d'intestin pour une seule sangsue, depuis sa naissance jusqu'à son complet développement. Cette quantité est le maximum de ce qu'il faut pour une sangsue élevée dans une eau très-pure. Pour celle qui serait élevée dans une eau épaisse, limoneuse, la quantité serait moindre.

NOMBRE DE REPAS.

Au printemps, dès que les journées sont belles, les sangsues affamées paraissent ; c'est alors qu'on doit commencer à les nourrir. A cet effet, on place plusieurs fois par jour, et pendant plusieurs jours, l'appareil dans les bassins, jusqu'à ce que la plus grande partie des sangsues aient pris leur portion. Il en reste toujours quelques-unes qui apparaissent, mais qui, n'étant pas affamées, ne se fixent pas à l'appareil. Ces mêmes sangsues prendront quinze à vingt jours plus tard.

On doit donner un repas au moins tous les quinze à vingt jours ; mais il n'y a aucun inconvénient à en donner un tous les huit jours ; seulement les sangsues qui se seront gorgées huit jours avant ne viendront pas ; mais celles qui n'auraient pas pris au dernier repas seront disposées et piqueront. La sangsue ne prenant de nourriture que quand elle en a besoin, on pourrait, si on le voulait, mettre l'appareil tous les jours dans les bassins, sans qu'il en résultât le moindre inconvénient. Il n'y a d'inconvénient que quand la sangsue peut prendre, une fois qu'elle a piqué, une dose trop forte. C'est pour cela que nous avons limité nos doses à 2 ou 3 grammes, et que nous leur donnons une nourriture affaiblie.

A chaque fois, on doit placer l'appareil dans une rigole différente du marais, d'abord pour ne pas les faire venir de loin, et ensuite pour ne pas déranger ou incommoder celles qui ont été gorgées précédemment.

A l'égard des sangsues mères ou vaches, on doit les nourrir le moins possible en avril, mai, juin, juillet et août, parce que trop de nourriture retarde les pontes. Aussi ne doit-on laisser l'appareil dans le bassin que lorsque le nombre des affamées est assez considérable pour qu'il en soit complètement couvert. On doit aussi, pendant ces cinq mois, leur donner les repas à de plus longs intervales. Ce que nous disons là paraît assez difficile à exécuter. Comment, en effet, bien nourrir les filets, les petites, les moyennes, et nourrir légèrement les mères? Dans l'ancienne méthode, ce serait impraticable; dans la nôtre, rien de plus facile, puisque nous divisons notre marais en neuf bassins, et que nous recommandons de ne point laisser les filets et les sangsues non adultes avec les mères.

OBJECTIONS QUE L'ON A FAITES ET QUE L'ON FERA CONTRE NOTRE MÉTHODE.

Première objection. — Si tout le monde adopte votre

méthode, nous a-t-on dit, le sang deviendra cher. Cette objection nous a été faite principalement à Bordeaux. Sans doute que, si tous les éleveurs de la Gironde suivaient notre méthode, le sang, dans cette localité, aurait un prix, attendu l'immense quantité de marais à sangsues établis dans ce département. Cependant, d'après des calculs exacts que nous fournissons plus loin, l'abattoir de Bordeaux peut seul fournir du sang pour trois à quatre fois la production actuelle de ce département, production qui n'a pas son égale nulle part ailleurs en France. Hé puis ! n'y aura-t-il que le département de la Gironde qui pourra élever des sangsues d'après notre méthode ? Partout, dans tous les départements, notre système sera appliqué, parce qu'il ne faut qu'un coin de terre et un peu d'eau pour se faire un revenu, la dépense étant presque nulle. Chaque médecin, chaque pharmacien de campagne pourra avoir dans son jardin un espace de quelques mètres et y multiplier la sangsue. Le pharmacien et le médecin seront sûrs de trouver là, sous leurs mains, et en parfaite santé, des sangsues robustes et vigoureuses, qui ne failliront pas à ce que l'on attend d'elles. On sera sûr alors d'avoir d'excellentes sangsues et à un prix tel, que le pauvre ne sera plus privé de ce puissant moyen de guérison.

Cette première objection, que l'on nous a faite relativement à l'insuffisance de la quantité du sang de boucherie, tombe d'elle-même en présence des chiffres suivants : Pendant les sept mois de nourriture (car on ne nourrit pas les sangsues de décembre à avril), l'abattoir de Bordeaux peut fournir du sang pour vingt-quatre millions deux cent quatre-vingt-dix-huit mille huit cent trente-une sangsues, et la production actuelle de la Gironde n'est que de quatre à cinq millions. On peut donc sans crainte employer notre méthode : la sang ne manquera pas.

Deuxième objection. — On peut conserver un cheval, et l'on ne peut pas conserver le sang de boucherie. Ceci est incontestable ; mais l'on ne conserve pas un cheval sans qu'il en coûte. Les frais de nourriture, les soins, la maladie, la mortalité, sont autant de dépenses qui deviennent importantes, surtout lorsqu'il faut quatre-vingts à cent chevaux pour une exploitation médiocre. Nous avons dit que chaque litre de sang que fournit un cheval revient au moins à 75 c., et nous ne comprenons pas dans ce chiffre les frais de nourriture et de mortalité accidentelle des chevaux. Le sang de boucherie, qui ne vaut aujourd'hui que 3 à 4 centimes le litre, arrivât-il à coûter ce même prix, qu'il y aurait encore, en faveur de notre méthode, un capital de moins employé, des peines et des soins de moins à avoir, et aucune chance de mortalité à courir.

Si le sang desséché, comme nous l'espérons, peut être employé au besoin pour la nourriture des sangsues, il est presque certain que le sang frais de boucherie n'atteindra jamais un prix élevé.

D'un autre côté, il n'en est pas des sangsues comme des vers à soie, qu'il faut nourrir tous les jours, sans relâche, sous peine de voir manquer sa récolte. Les sangsues n'ont pas besoin d'avoir des repas réglés, à jour fixe. On n'aurait pas de sang disponible aujourd'hui, on peut sans danger attendre huit jours, quinze jours, un mois même.

Troisième objection. — *Plusieurs sangsues piquent à la fois dans le même compartiment de l'appareil, et n'ont, par conséquent, qu'une ration entr'elles toutes.* Cela arrive souvent, surtout les premières fois que l'on pose l'appareil, et quand il y a un grand nombre de sangsues très-affamées. Mais il n'y a à cela aucun inconvénient. Que l'on n'oublie pas ce principe qui est vrai : *Il y a beaucoup de danger à donner trop de nourriture aux sangsues, et il n'y en a aucun à leur livrer de petites doses.* Aussi avons-nous fait nos rations de 2 à 3 grammes au plus, de telle sorte que si une sangsue *seule* pique dans l'espace qui contient cette quantité, il n'y a aucun danger pour elle à absorber le tout. Si, au contraire, deux ou plusieurs se partagent cette quantité de sang, elles en prennent chacune assez pour pouvoir attendre un autre repas, et ne point souffrir de la faim. Ne craignez donc pas de donner peu à la sangsue ; mais redoutez de lui donner trop. Peu et souvent, voilà notre devise. Mais, ajoute-t-on, si trois ou quatre grosses sangsues se partagent une seule ration, il peut arriver qu'une petite prenne à elle seule les 3 grammes. Nous avons déjà dit qu'il n'y avait aucun danger à laisser prendre aux petites sangsues toute la nourriture qu'elles peuvent absorber, parce qu'elles n'en prennent jamais au-delà de deux ou trois fois leur poids, et que chez elles la digestion est beaucoup plus rapide que chez les grosses ; tandis que les grosses sangsues absorbent jusqu'à cinq fois leur poids, et ont une digestion toujours laborieuse et lente.

Il ressort de toutes ces objections et des principes de notre système, qu'une sangsue peut prendre à notre appareil moins de 2 à 3 grammes de sang, mais qu'elle ne peut en prendre davantage. Il n'en est pas ainsi avec le système de nourriture par les chevaux ; elles en prennent tant que l'élasticité énorme de leur peau peut en contenir. Aussi, en crèvent-elles, ou restent-elles inertes pendant plusieurs mois.

DE LA PONTE.

Le premier marais artificiel à sangsues que nous avons construit était à peu près comme celui qu'a décrit M. Moquin-Tandon dans sa *Monographie des Hirudinées*, page 238, ou comme celui dirigé par M. Ch. Fermond, d'après son *Mémoire de* 1851. C'était tout simplement une caisse en bois, doublée en plomb, de 1 mètre environ au carré. Le fond était garni de terre glaise, dans laquelle nous avions fait prendre racine à quelques plantes. Un filet d'eau alimentait le bassin, et le trop plein s'échappait par un petit tuyau ; la profondeur de l'eau était de 30 centimètres. C'est dans ce marais en miniature que nous avons placé *cent* sangsues. Elles y sont restées toute une année sans produire des cocons.

Un jour, et ne comptant plus sur la possibilité de voir se reproduire nos sangsues, nous mîmes par hasard dans ce bassin un pot à fleurs qui contenait un *spilantus oleraceus*, l'eau du bassin arrivait à 4 centimètres environ du bord supérieur du pot à fleurs. Le lendemain, on vint nous avertir que les sangsues s'étaient emparées de la terre humide du pot, et qu'elles y creusaient des galeries. Lorsque nous vîmes ce phénomène, nous plaçâmes dans ce même bassin, et de la même manière, deux autres pots à fleurs remplis de terre très-spongieuse, mais sans aucune plante dans les pots, les sangsues s'en emparèrent également. Un mois plus tard, le 3 septembre 1841, nous visitâmes l'intérieur de l'un de ces pots, et nous y trouvâmes les sept premiers cocons que nous ayons obtenus. A cette époque, nous partagions l'erreur commune, même aujourd'hui; nous considérions les sangsues comme des poissons qui n'ont besoin, pour se reproduire, que d'avoir de l'eau et de la terre au fond. La terre découverte, les plantes, les débris de ces plantes, et surtout les bords, étaient regardés par nous comme les regardent la plupart des écrivains qui ont traité de l'élève de la sangsue, c'est-à-dire comme inutiles.

Aujourd'hui, il est incontestable que tous les marais sans bords en terre sont impropres à la reproduction des sangsues, et que plus ces bords sont multipliés plus la reproduction est abondante.

GALERIES ET TROUS OU LA PONTE A LIEU.

On trouve presque toujours des cocons dans les anciennes galeries creusées par les taupes. Nous y avons rencontré beaucoup de sangsues qui s'y réfugiaient et y demeuraient réunies. En Espagne, nous avons égale-

ment remarqué que dans des murailles en pierres sèches qui bordaient des ruisseaux, les sangsues s'étaient
emparées des crevasses, des fentes et des trous qui
existaient dans ces murailles, et où l'eau avait laissé une
conche de limon, pour y déposer leur ponte. Ces observations nous décidèrent à pratiquer dans nos bassins
d'essai des galeries artificielles. A cet effet, nous prîmes
des bâtons cylindriques, de 60 centimètres de longueur
sur 4 de diamètre. Nous les plaçâmes presque horizon-
talement sur la terre humide, à 3 ou 4 centimètres du
niveau constant des eaux. Nous les recouvrîmes de gazon un peu serré et bien foulé, après quoi nous tirâ-
mes les bâtons, et les galeries artificielles restèrent ouvertes du côté de l'eau. Un jour, nous fîmes vingt de ces
galeries dans un petit marais ; de telle sorte, qu'en re-
levant le gazon qui les recouvrait, on pouvait voir tout
ce qui se passait dans ces galeries. Un mois après les
avoir établies, nous en visitâmes quelques-unes, le fond
en était poli et comme vernissé ; plusieurs déjà avaient
des cocons ; dans d'autres il y avait des sangsues au repos, probablement prêtes à pondre. Une seule galerie
contenait cinquante-deux cocons. Ils étaient placés dans
de petits trous, dont le fond et les bords étaient polis,
entourés d'une zone du sol également polie tout au tour
de chaque trou.

Bien que les galeries artificielles ne soient pas indispensables pour la ponte, les éleveurs reconnaîtront bientôt leur immense avantage, quant à la production. La
sangsue est naturellement paresseuse ; elle préfère déposer son cocon dans un trou de taupe ou de rat, que

de se donner la peine de préparer son nid. Lorsqu'elle ne trouve ni trous, ni herbes pour déposer sa ponte, elle est obligée de creuser la terre, et ce travail ne laisse pas que de la fatiguer beaucoup. Tandis qu'en pratiquant à certains endroits du bassin des galeries artificielles, les sangsues s'y réfugient en grand nombre, y déposent leurs cocons, qui y sont à l'abri de tout danger et dans des conditions parfaites pour éclore. Nous avons dit, en parlant du terrain *un peu dur*, qu'il n'était pas un obstacle à la reproduction de la sangsue; mais c'est dans ce terrain-là principalement que les galeries artificielles sont d'un bon effet.

Pendant le temps de la ponte, surtout, l'éleveur doit bien se garder de faire couper les herbes qui bordent les ruisseaux. Il ne doit pas non plus faire enlever les débris des feuilles mortes et des plantes sèches qui jonchent l'eau du marais. Dans tous ces débris il trouvera beaucoup de cocons. Si, dès le mois de juin, le marais n'était pas suffisamment garni de plantes, on fera bien de jeter dans les recoins des bassins quelques fagots de paille, de jonc ou de foin. On doit surveiller plus que jamais le niveau de l'eau, et faire qu'il soit toujours constant.

PLACEMENT DES SANGSUES DANS LES BASSINS.

Les neuf à dix mille sangsues vaches qu'il faut pour peupler promptement un marais de 38 mètres sur 38, divisé en neuf bassins, doivent être placées dans le premier bassin, de 10 mètres sur 10 mètres. Il n'y a rien à craindre de cet espace limité pour dix mille sangsues. Si elles devaient être livrées à elles-mêmes pour cher-.cher et trouver leur nourriture, il serait insuffisant ; mais comme on doit les nourrir, peu et souvent, cet espace suffit grandement pour la ponte. Les soins et la surveillance en seront plus faciles. On doit les placer dans ce premier bassin du mois d'avril au mois de juin, afin d'avoir des pontes la même année avant décembre.

Si l'on met les sangsues vaches dans le premier bassin, en mai ou en juin, on aura en décembre de la même année une multitude de germements et de filets que l'on doit laisser avec les mères jusqu'au printemps suivant ; mais, à cette époque, il faudra les séparer des vaches, et voici comment : on les pêchera, soit au moyen de l'appareil-nourrisseur, soit avec notre filet, et on les placera dans le bassin n° 2. Au bout de quelques mois, alors que l'on reconnaîtra que l'espace est trop restreint, on ouvrira le conduit qui communique du bassin n° 2 au bassin n° 3, et on en laissera passer dans ce troisième bassin à peu près la moitié. Lorsque ces deux bassins seront devenus insuffisants par suite de leur croissance, on leur livrera un nouveau bassin, etc.

Dès que cette génération sera arrivée à l'état adulte, on pêchera les dix mille vaches du premier bassin, et on les mettra dans le bassin de purification pour les vendre. On peuplera de nouveau ce bassin de production, avec dix mille sangsues nouvelles, les plus belles que l'on pourra trouver.

Au fur et à mesure que les sangsues des autres bassins arriveront à la grosseur voulue, on les pêchera et on les mettra dans le bassin de purification. Par ce moyen, on préparera de l'espace pour la génération nouvelle.

DE LA PÊCHE.

Dans notre système, ayant toujours de l'eau dans nos bassins, la pêche peut avoir lieu toute l'année, à l'exception des deux ou trois mois les plus rigoureux de l'hiver, pendant lesquels la sangsue est cachée sous terre; et, encore, si l'eau qui alimente les bassins est une eau de source, dont la température est toujours un peu plus élevée que celle de l'atmosphère, on peut pêcher presqu'en tout temps.

Dans le système du dessèchement annuel, non-seulement la pêche ne peut avoir lieu pendant l'hiver, mais encore pendant les trois mois du dessèchement.

Cette opération, dans l'ancien système, exige certaines précautions qui sont inutiles dans notre méthode.

On peut faire la pêche à la main, mais il est plus économique de la faire avec un filet en toile métallique. Les passoirs, dont le fond est percé ou garni d'une toile en métal, que l'on emploie généralement, ne remplissent pas les conditions voulues.

Les bords de ces passoirs sont en ferblanc; ils réfléchissent l'eau et rejettent les sangsues dans le bassin; à peine s'il en reste une ou deux dans le passoir. Notre filet, tout en toile métallique, n'a pas cet inconvénient. Il est également très-bon pour la pêche des coléoptères et autres animaux destructeurs des sangsues. Animaux que nous faisons connaître à la fin de cet ouvrage. Nous fournirons aux éleveurs ces filets avec les appareils-nourrisseurs, à des prix raisonnables.

Le pêcheur de sangsues doit entrer dans chaque rigole, la suivre lentement, sans discontinuer, et frapper l'eau avec un bâton. Il est muni d'un petit sac en toile attaché à sa ceinture. C'est dans ce sac qu'il dépose les sangsues qu'il prend à la main ou qu'il enlève avec son filet, et celles aussi en grand nombre qui s'attachent à ses bottes. Dans les marais de l'ancienne méthode, à peine si une personne peut pêcher mille à douze cents sangsues par jour; d'abord, à cause de l'étendue considérable des marais; ensuite, parce qu'il y en a à peine deux ou trois par mètre carré. Dans les nôtres, elle peut en pêcher de sept à dix mille, puisque dans chaque mètre carré d'eau il y en a cent cinquante à deux cents. Nous avons dit, dans la première partie de cet ouvrage, que les sangsues se fatiguent vite en nageant. C'est lorsque l'on fait la pêche que l'on reconnaît cette vérité. Quand les pêcheurs frappent l'eau, les sangsues arrivent; mais si on ne les saisit à l'instant même, elles se retirent, et souvent elles ne reparaissent plus de toute la journée. C'est pour cela que nous recommandons aux pêcheurs de marcher doucement, et de ne frapper l'eau que lorsqu'ils ne voient plus de sangsues autour d'eux. Il est inutile de pêcher lorsqu'il fait froid ou lorsqu'il y a du vent. Les sangsues ne paraissent pas ces jours-là, ou elles ne paraissent qu'en très-petit nombre.

Toutes les sangsues péchées doivent être mises dans

le bassin de purification ou de jeûne. Nous allons parler de ce bassin.

Dans les marais naturels peuplés de sangsues, la pêche à la main ou au passoir devient presqu'impossible, à cause de l'étendue énorme des marais. Dans ce cas, il faut avoir recours aux substances qui attirent les sangsues, comme les étoffes en laine, les cornes et les sabots des quadrupèdes. Mais la matière qui nous a le mieux réussi, c'est la laine brute, soit attachée à la peau, soit tordue en corde. On place ces matières au fond de l'eau, près des bords, et on les visite matin et soir. On est sûr d'y trouver des sangsues. Les herbes sèches, les fagots d'osier, les morceaux de bois, attirent également les sangsues; peut-être par une légère différence de température.

BASSIN DE PURIFICATION OU DE JEUNE.

Ainsi que nous l'avons dit, toutes les sangsues pêchées doivent être placées dans le bassin de purification. Ce bassin doit être construit exactement comme l'un des neuf que représente la planche, à la fin de cet ouvrage; c'est-à-dire qu'il ne doit pas dépasser 10 mètres sur 10 mètres. Il doit recevoir l'eau la plus pure de l'exploitation. Cette eau doit être, autant que possible, courante, ou être renouvelée à de courts intervalles. L'eau qui alimente les autres bassins ne peut servir pour celui-ci, qu'autant qu'elle y arrivera directement, et non après avoir traversé les bassins de production et de nourriture.

Ce bassin de purification doit être grillagé à l'entrée et à la sortie de l'eau. De plus, il doit être entouré d'une haie épaisse et serrée d'ajoncs, afin d'empêcher l'émigration qui serait, sans cela, plus fréquente dans ce bassin que dans les autres, puisque l'on ne doit pas nourrir ces sangsues pour qu'elles soient parfaitement propres à l'usage médical, et que, tourmentées par la faim, elles cherchent à fuir. Cependant, comme une trop longue abstinence peut en faire périr beaucoup, si l'on ne prévoyait pas en avoir l'écoulement dans les trois à six premiers mois, on devrait leur donner un repas peu substantiel en mettant moitié eau dans le sang.

ENNEMIS DES SANGSUES.

Les oiseaux aquatiques, les animaux rongeurs, les poissons, certains coléoptères, leurs larves et quelques hirudinées, sont les principaux ennemis des sangsues.

Parmi les oiseaux, les canards, les oies domestiques ou sauvages, les hérons, les cigognes, les bécassines, sont très-friands des sangsues, et d'autant plus dangereux, que quand ils s'abattent dans un marais, le bruit qu'ils font avec leurs ailes et avec leurs pattes en nageant, attire à eux les sangsues, qu'ils avalent par centaines. Dès que l'on aura vu ces animaux dans un marais, on peut être sûr qu'ils y reviendront le lendemain et les jours suivants, jusqu'au dépeuplement complet du marais, si l'on n'y prend garde. Trois moyens doivent être employés pour détruire ou pour éloigner ces animaux. D'abord, le fusil; ensuite, des filets placés penpendiculai-

rement; mais ce qui vaut mieux encore, ce sont des chiens
bien dressés, qui poursuivront et éloigneront ces oiseaux.
Dans l'ancienne méthode, les chiens ne peuvent, sous ce
rapport, rendre de grands services, à cause de l'étendue
trop considérable des marais et de la nappe de l'eau.
Ils marchent très-difficilement dans ces marais bourbeux, et ne se soucient guère d'y rentrer, à cause des
morsures des sangsues. Dans nos bassins, au contraire,
ils peuvent, sans entrer dans l'eau, poursuivre les oiseaux, et de très-près. L'important n'est pas de les
prendre, mais bien de les éloigner.

Parmi les rongeurs, les plus à craindre sont les rats,
qui dévorent la nuit les sangsues qui se promènent sur
les bords des bassins; ils détruisent aussi les cocons.
On reconnaît facilement à leurs excréments les sentiers
qu'ils fréquentent. C'est là qu'il faut placer des morceaux
de pain recouverts d'une pâte phosphorée. L'odeur du
phosphore les attire, et s'ils en mangent, ils meurent.
Si les chiens mangeaient ce pain préparé, ils pourraient
en crever ; il faudra donc les tenir à l'attache les nuits
pendant lesquelles on placera le phosphore.

Les taupes ne recherchent pas précisément les sangsues ; mais quand elles en trouvent dans leurs galeries,
ainsi que des cocons, elles détruisent tout, et nous avons
dit plus haut que les sangsues affectionnent ces trous
pour s'y réfugier et y déposer leur ponte. On reconnaît
facilement quand il y a une taupe dans un terrain ; on
doit alors tendre des piéges. Mais nous avons remarqué
que la taupe est peu à craindre dans notre système de
bassins, à cause du peu de terre qui sépare chaque ruis-

seau. Dès que la taupe veut creuser, elle trouve l'eau, qui remplit sa galerie, la chasse ou la fait périr.

Les brochets, les anguilles et d'autres poissons détruisent également la sangsue. Pour s'en débarrasser, il suffit de mettre les bassins à sec. On prendra facilement alors tout le poisson, à l'exception des anguilles qui se cachent dans les trous ou dans la terre. Pour se défaire de celles-ci, il faut faire écouler l'eau très-lentement; elles suivront le cours de l'eau et sortiront du bassin.

Les très-petits poissons ne sont pas à craindre, pas plus que les têtards et les grenouilles; au contraire, les sangsues les attaquent et les sucent.

Les taupes-grillons (courtilières) entrent difficilement dans nos bassins, s'ils ont un fossé d'enceinte. On les détruit de la même manière que les taupes.

Les animaux qui se sont multipliés d'une manière alarmante dans les marais de la Gironde, sont les *hidrophiliens* et les *dititiens* (sortes de barbeaux), tant à l'état de larves qu'à l'état parfait. (Voir les dessins, à la planche.) Les larves des dititiens sont longues de 6 à 7 centimètres; elles se tiennent presque sans bouger à la surface de l'eau. Leur corps est à peu près cylindrique, aplati, recouvert d'une enveloppe dure et verdâtre comme celle des écrevisses de rivière, auxquelles elles ressemblent un peu. Les larves des hydrophiliens sont plus petites, et d'une couleur jaunâtre. Toutes ces larves sont armées de deux crochets, très-acérés, avec lesquels elles saisissent les sangsues grosses ou petites pour en faire leur proie. Le dititien le plus commun est le *diticus-latissimus*. Il y a d'autres espèces de différentes grandeurs. Les hydrophiliens ressemblent aux dititiens ; ils ont de plus des tentacules cornés.

Les uns et les autres nagent avec une grande rapidité ; ils sortent de l'eau vers le soir, et volent pour se rendre au marais. Ils préfèrent l'eau stagnante à l'eau pure.

On ne saurait s'imaginer combien ces animaux, et surtout leurs larves, détruisent de sangsues. Il faut que la nature ait donné à la sangsue une puissance de reproduction énorme, pour qu'elle puisse se propager au milieu de tant d'ennemis destructeurs.

On pêche très-facilement tous ces coléoptères et leurs larves avec notre filet métallique. Si l'on place sur ce filet des intestins de volaille ou autres, on peut en prendre vingt ou trente à la fois. Aussitôt après les avoir sortis de l'eau, il faut les écraser avec le pied sur un sol un peu ferme, car ils sont durs.

Dans les hirudinées ennemies des sangsues, on remarque principalement l'aulastoma-gulo et la trochetia. Nous les avons fait connaître dans la première partie. I faut les exterminer au plus tôt ; car ces hirudinées se multiplient beaucoup.

Toutes les fois que l'on trouvera parmi des sangsues des animaux à peu près ressemblants, mais dont les allures pourront faire naître du doute, il faudra les pêcher, les examiner attentivement, et les rejeter.

Nous renvoyons à la première partie de cet ouvrage, qui donne les moyens de reconnaître tout ce qui n'est pas sangsue médicinale.

MANIÈRE DE TRANSFORMER LES ANCIENS MARAIS EN MARAIS NOUVEAUX, SUIVANT NOTRE MÉTHODE.

Tous ceux qui ont vu les différents marais que nous venons de créer dans la Gironde, en ont, à la première inspection, reconnu la supériorité. Aussi plusieurs éleveurs nous ont-ils demandé comment il fallait s'y prendre pour transformer leurs marais en marais de notre méthode.

Voici la marche à suivre : Au printemps, on établira quatre bassins, ou plus, de 10 mètres sur 10 mètres, d'après le dessin que nous donnons à la fin de cet ouvrage. Ces bassins sont pour recevoir les sangsues que l'on sortira successivement de l'ancien marais. Après quoi, l'on élèvera l'eau de ce marais jusqu'à ce que toute la terre en soit couverte (cette précaution est utile pour ne pas détruire beaucoup de sangsues par les travaux que nous allons indiquer), et l'on creusera, à une distance de 4 à 6 mètres les unes des autres, des rigoles en droite ligne, de 60 centimètres environ de largeur sur 30 à 40 de profondeur. On placera la terre provenant de ces rigoles sur un seul côté de chacune d'elles, et non sur les deux côtés. Cette terre, ainsi relevée, servira plus tard pour les pontes. Une fois ces rigoles creusées, on abaissera le niveau de l'eau *très-lentement*, un peu chaque jour, de manière à ce qu'il ne reste plus d'eau que dans les rigoles. Les sangsues s'y rendront successivement. On pêchera toujours le plus possible, et l'on mettra le résultat de chaque pêche dans les nouveaux bas-

sins. Ce dépeuplement ne pourra se faire la première
année. Pendant trois à quatre ans, on verra des sangsues se rendre dans les rigoles, y faire leur ponte, et
donner naissance à des filets, que l'on enlèvera au fur
et à mesure de leur apparition. Pendant ce temps, la
terre paludéenne des bandes desséchées pourra être
cultivée. Si l'on veut y laisser croître l'herbe, on l'ob-
tiendra d'une qualité bien supérieure à celle des autres
parties du marais.

Maintenant que nous avons dit comment on peut dé-
peupler un ancien marais, sans entraver l'exploitation,
revenons à ce que l'on doit faire dans le nôtre. Habitués
à donner aux sangsues de grands espaces, les éleveurs
se conformeront difficilement à ce que nous allons leur
dire; cependant, ils ne tarderont pas à reconnaître que
nous avons raison.

Il ne faut pas disséminer les sangsues dans un espace
trop grand, ce serait rendre le gorgement par notre méthode très-difficile. Voici la règle que nous conseillons
de suivre : 1° On séparera les filets d'avec les mères ;
les soins à donner et les gorgements en seront plus ef-
ficaces ; 2° on placera dans chacun de nos petits bassins
de 10 mètres sur 10 mètres, *au moins* dix mille sangsues
vaches, ce qui fait environ deux mille pour chacune des
cinq rigoles. Si l'on n'avait que deux mille à trois mille
sangsues mères à placer, on ne leur laisserait parcourir
qu'une *seule* rigole ; 3° les petits filets seront encore plus
resserrés. Il n'y a aucun inconvénient à doubler leur
nombre dans chacune des rigoles, sauf à leur donner plus
d'espace lorsqu'ils grandiront ; 4° une fois les sangsues

placées dans les rigoles, on les laissera huit jours sans les appeler ni les nourrir. Les deux premiers jours, elles commenceront par se cacher, puis elles visiteront tous les recoins du marais. Elles fixeront leur domicile où cela leur conviendra, et les galeries artificielles seront bientôt envahies. Malgré le peu d'espace que nous leur laissons, elles creusent au fond de la rigole, à des distances presque régulières, des trous dans lesquels on les voit se balancer pour se dépouiller de leur épiderme.

Ce n'est pas là leur refuge principal ; c'est toujours dans les galeries et dans les sinuosités du ruisseau.

Si malgré tout ce que nous avons dit sur l'avantage incontestable de notre appareil-nourrisseur, tant sous le rapport de l'économie que sous celui de la santé des sangsues, on voulait nourrir avec des chevaux ou avec des vaches, ou enfin d'une manière mixte, dans le cas où l'on aurait beaucoup de bestiaux sur la propriété, il suffirait de couper la rigole du milieu de chaque bassin en droite ligne, sur une longueur de 2 mètres environ, de lui donner 1 mètre de largeur, de garnir le fond de cette rigole avec du sable ou des cailloux, pour empêcher le défoncement, et d'y introduire un cheval, que l'on attacherait à une crèche établie à demeure, et dans laquelle on lui donnera à manger pendant que les sangsues se gorgeront.

Seulement, selon la quantité de sangsues renfermées dans le bassin, on ne devra laisser le cheval que plus ou moins de temps, et le remplacer par un autre, selon le cas.

CONCLUSION.

Notre système de bassins, le principe de la division du sang, sa préparation, l'emploi de l'intestin et nos appareils, étant brevetés, nous ne craignons pas la contrefaçon. Les personnes qui voudraient s'en servir, sans avoir traité préalablement avec nous, s'exposeraient à voir saisir leurs sangsues ainsi que leurs appareils, sans préjudice des dommages et intérêts à réclamer,

Nous avons déjà établi dans la Gironde des marais modèles que nous nous empresserons de faire visiter à toutes les personnes qui nous en témoigneront le désir. Nous traiterons avec MM. les Éleveurs, ou avec les propriétaires qui désireront ajouter cette branche de revenu au produit de leur propriété, à des conditions extrêmement douces, favorables à leurs intérêts, et proportionnées à l'importance de leur exploitation.

FIN.

TABLE

PREMIÈRE PARTIE.

Sangsues à l'état de nature.

DEUXIÈME PARTIE.

Sangsues à l'état de captivité.

Bordeaux. — Imprimerie de J. DELMAS, rue Ste-Catherine, n. 139.

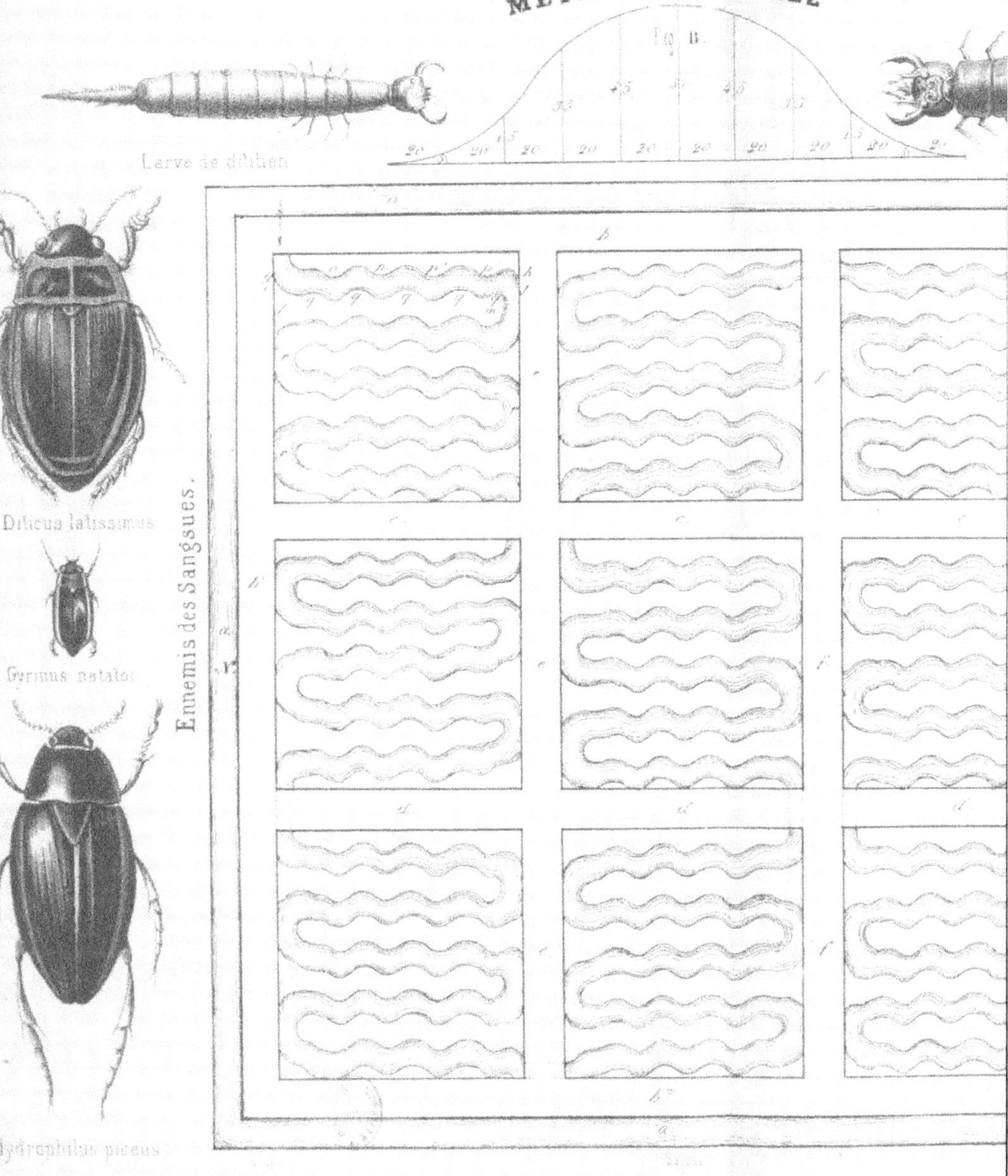

BASSINS A SANGSUES
MÉTHODE GONZALEZ
Larve de Dyticus
Dyticus latissimus
Gyrinus natator
Hydrophilus piceus
Ennemis des Sangsues.